军迷·武器爱好者丛书

战列舰与巡洋舰

陈泽安 / 编著

辽宁美术出版社

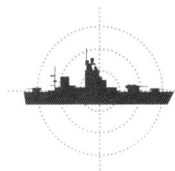

前言
Foreword

　　战列舰是一种以大口径火炮攻击与厚重装甲防护为主的高吨位海军作战舰艇，是能执行远洋作战任务的大型水面军舰。战列舰就是为海上炮战而生的，所以炮战和火力支援能力是其硬指标，而防空能力是其软指标。

　　1906年2月下水的英国"无畏"号战列舰是第一艘真正意义上的现代化战列舰，具有里程碑式的意义。它出现后，其他国家竞相仿造。仿造舰都称为"无畏舰"，以前的战列舰则统称为"前无畏舰"。

　　战列舰凭借威力巨大的舰炮、坚固厚重的钢甲和强劲的动力，自风帆时代诞生，到1860年开始变革，至二战初期，一直是各主要海权国家的主力舰，被称为"海上堡垒"。

　　然而随着舰载航空技术的日益成熟，航母上搭载的舰载机不仅有高超的机动能力，可以进行大范围侦察观测，而且可以发动超远程打击，这使拥有强悍战斗力却技术落后的战列舰走向没落。二战结束以后，战列舰的战略地位被航空母舰和战略导弹核潜艇取代。

　　巡洋舰是一种火力强、用途多，主要在远洋活动的大型水面舰艇。巡洋舰装备有较强的进攻和防御型武器，具有较高的航速和适航性，能在恶劣气候条件下长时间进行远洋作战。

　　巡洋舰的主要任务是保护本国的海外航线或破坏敌方的海外航线。它们可以为航空母

舰和战列舰护航，或者作为编队旗舰组成海上机动编队，攻击敌方水面舰艇、潜艇或岸上目标。

从各国设计建造巡洋舰的情况看，各有侧重。英国拥有广泛的海外领地，所以特别注重轻巡洋舰的发展。日本则希望以质取胜，倾向于重巡洋舰的设计和建造，而轻巡洋舰则被作为水雷战队的旗舰，用于引导驱逐舰分队对敌进行大规模鱼雷攻击和夜战。美国的巡洋舰相对均衡，还创造性地发展出了以防空为主要任务的防空型巡洋舰。另外，还有一种更小的巡洋舰，即辅助巡洋舰。

随着时代的发展，巡洋舰逐渐走向衰落。二战后，各国已基本不再建造巡洋舰，只有美、苏还曾建造过几级，比如美国的提康德罗加级，苏联的基洛夫级。如今，巡洋舰基本被驱逐舰取代。

为了提高广大读者朋友的国防意识、丰富国防知识，我们组织编写了"军迷·武器爱好者丛书"《战列舰与巡洋舰》这本书。本书精选了世界上100种战列舰与巡洋舰，从多个方面简明扼要地介绍其特点，同时为每种战列舰与巡洋舰配备高清大图，希望读者朋友喜欢。

目 录
Contents

战列舰与巡洋舰的历史

战列舰的历史

15世纪末，贯穿整个大航海时代的盖伦帆船出现了，这种"风帆战列舰"一般有4桅，前面2桅挂栏帆，后面2桅挂三角帆；一般标准长度为46米~55米，排水量300吨~1000吨，有几层统长甲板，艉楼很高，适合运载货物通过很长的海道；续航力很长，在很长时间内是世界上最大的船。

经过英国、荷兰等国的改造，17世纪，真正的战列舰出现了。第一次英荷战争（1652—1654）期间发布的《海上作战条令》明确地把纵队定为海军作战时的标准队形："各分舰队的所有战舰都必须尽力与其分队长保持一线队列（单纵阵）前进……"这也是"战列舰"这一名称首次被使用。

17世纪70年代后，英国海军按照以下标准对舰船进行分类：一级军舰，这级军舰担任舰队的旗舰，3层炮甲板，火炮100门以上，定员875人以上，排水量2500吨~3500吨；二级军舰，这级军舰比一级军舰略小，3层炮甲板，火炮90门~98门，定员750人左右，排水量2000吨以上；三级军舰，这级军舰分为几种型号，2层~3层炮甲板，火炮64门~80门，定员490人~720人，排水量1300吨~2000吨；四级军舰，这级军舰有两层炮甲板，火炮50门~56门，定员350人左右，排水量1000吨以上。

▲ 19世纪的"风帆战列舰"

▲ "拿破仑"号是世界上第一艘蒸汽动力战列舰

▲ 英国"无畏"号战列舰

▲ 前无畏级战列舰——美国海军"德克萨斯"号，建于1892年，是美国海军的第一艘战列舰

▲ "贝亚德"号是一艘木铁混合外壳的铁甲舰，属于中央炮廓式战列舰

　　工业革命的成果在19世纪中后叶迅速改变了海军的面貌，蒸汽动力、金属船体、装甲和新式火炮几乎同时出现，使得战列舰发展到一个全新的水平。到19世纪70年代，世界各海军强国的蒸汽装甲战列舰已达到较高的水平。蒸汽机不仅为军舰提供了推进动力，而且蒸汽还被用于操纵舵系统、锚泊系统，转动装甲炮塔系统，装填弹药，抽水及升降舰载小艇等。大型蒸汽装甲战列舰的排水量达到8000吨～9000吨，推进功率达到4000千瓦～6000千瓦。这时的战列舰在主甲板的中央轴线上或者舰体两侧装配了能做360度全向旋转的装甲炮塔，舰炮也普遍采用了螺旋膛线，攻击力进一步增强。

　　1906年2月下水的英国"无畏"号战列舰是第一艘真正意义上的现代化战列舰，它在许多方面都是前所未有的。它是第一艘安装蒸汽轮机的主力舰，航速达到了惊人的21节。"无畏"号的武备是引人注目的，除了一些对付鱼雷艇的小口径速射炮以外，它装备了10门50毫米主炮，完全没有中等口径的火炮，这样"无畏"号的远程大口径火力比其他战列舰强一倍半。统一使用大口径火炮，统一了火控参数，降低了射击指挥的难度，从而确保了命中率。

　　此后，不少国家开始仿照"无畏"号建造自己的战列舰，"无畏"号成为现代战列舰的代名词，而在此之前建造的战列舰则被称为"前无畏舰"。

在一战的日德兰海战中，战列舰成为杀伤对方、夺取海战胜利的关键性因素。一战后，许多国家视战列舰为海战"第一利刃"。人们对战列舰的"崇敬"致使各国大力建造此种船坚炮巨的"海上堡垒"。

1922 年（华盛顿会议期间），美国、英国、日本、法国和意大利 5 个海军强国签订了《限制海军军备条约》（《华盛顿海军条约》），限制战列舰和战列巡洋舰的吨位和主炮口径。1930 年签订的《限制和削减海军军备条约》（《伦敦海军条约》）对此进行了补充规定，使战列舰的建造开始进入条约时代。

1922 年到 1936 年被称为"海军假日"时代，各国的大型战列舰建造计划都被终止或取消，代之以对已有战列舰的更新和改造。当时世界上最先进的战列舰共有 7 艘，全部搭载 406 毫米左右主炮，分别是美国的科罗拉多级 3 艘，日本的长门级 2 艘，英国的纳尔逊级 2 艘。

▲ 美国北卡罗来纳级战列舰

▲ 美国科罗拉多级战列舰"马里兰"号

▲ 德国"俾斯麦"号战列舰

▲ 日本长门级战列舰

▲ 美国依阿华级战列舰

▲ 英王乔治五世级战列舰

　　1936 年 12 月 31 日，《华盛顿海军条约》期满作废，各海军强国重启战列舰的建造计划。英国建造了 5 艘英王乔治五世级战列舰，并计划建造狮级战列舰；美国海军建造了 2 艘北卡罗来纳级战列舰、4 艘南达科他级战列舰、4 艘依阿华级战列舰，并计划建造蒙大拿级战列舰；意大利海军建造了 4 艘维内托级战列舰；法国海军建造了 3 艘黎塞留级战列舰，并计划再建造 1 艘改型舰和 4 艘更强的阿尔萨斯级战列舰；德国海军建造了 2 艘俾斯麦级战列舰；日本海军建成了 2 艘大和级战列舰，另有 1 艘"信浓"号中途改建为航母，计划建造 2 艘超大和型战列舰。

　　与历史上的战列舰相比，20 世纪 30 年代，战列舰的火力、防御力和速度都达到了一个相当的高度。然而，此时的美国和日本在建造战列舰的同时还把目光转向了一种新型海战兵器身上，那就是航空母舰。二战中，航母大放异彩，而战列舰黯然失色。1944 年 10 月末，美日之间发生在苏里高海峡的一场海战，成为世界海战史上最后一次战列舰之间的对决。

　　二战后，航母、导弹等武器的出现，极大削弱了战列舰的生存空间，于是战列舰逐渐淡出历史舞台，绝大多数战列舰退役并解体，有些则作为博物馆舰保留下来。美国建造的最后 4 艘依阿华级战列舰，经过多次改装，断断续续地服役了许多年。1992 年 3 月 31 日，依阿华级战列舰"密苏里"号退出现役。

巡洋舰的历史

"巡洋舰"这个词是在17世纪出现的。当时，舰队的主体由战列舰组成，这些舰只比护卫舰大得多、昂贵得多，也慢得多，并不适合执行长距离的任务。而且战列舰在战略上太过重要，执行持续巡逻任务显得过于冒险，于是巡洋舰受到重视。

荷兰海军在17世纪开始增加巡洋舰的数量和配置，英国海军以及晚些时候的法国和西班牙海军赶上了这个潮流。为了保护国会的商业利益，英国颁布《巡洋舰与护航法》——开始将海军的注意力放在用巡洋舰进行商业保护和搜捕上。

18世纪出现了巡防舰，这是一种卓越的巡洋舰种。巡防舰是一种既小又快、长距离、轻武装的战舰，主要用来侦察、运送信件、破坏敌方贸易线等。另一种主要的巡洋舰种是单轨纵帆船。

随着战列舰体量的不断增大，巡洋舰的排水量也不断增大。19世纪初，首先出现的是带有风帆和蒸汽轮机的风帆巡洋舰。19世纪40年代开始出现实验性的蒸汽巡防舰。19世纪50年代中期，英国和美国海军开始制造拥有很长的船体和重炮的蒸汽巡防舰。19世纪60年代，铁甲舰登上战争舞台。

法国人以1865年下水的"贝利·奎斯"号为起点，建造了许多较小型铁甲舰来执行远海巡洋任务。这些能够执行快速、独立搜捕和巡逻任务的铁甲舰是装甲巡洋舰发展的开端。

▲ 英国"勇士"号铁甲舰上的后膛炮

▲ 克莱德勋爵级铁甲舰

▲ 德意志级装甲舰

▲ 狮级战列巡洋舰

▲ "香农"号装甲巡洋舰

　　1874 年，第一艘真正意义上的装甲巡洋舰"海军上将"号在俄国完工，而英国的"香农"号装甲巡洋舰则于 1877 年服役。

　　19 世纪的大多数时间和 20 世纪初，巡洋舰是一支舰队的远程威慑武器，也被编入主力舰队用于侦察和巡逻，而战列舰则待在基地附近。巡洋舰在设计的时候就非常注重速度：它们瘦长、流水线的船体尤其利于高速航行。为了减少流体漩涡，它们的船艏和船艉均逐渐变细。

　　1880—1910 年间，各国还建造了许多很小的防护巡洋舰。它们的装甲很少，没有侧舷装甲，而是在甲板内设有弓形的水平装甲。

　　到一战期间，巡洋舰的发展速度加快，质量也有明显提高，排水量已经达到 3000 吨 ~ 4000 吨，航速 25 节 ~ 30 节，舰炮口径一般为 127 毫米 ~ 152 毫米（个别达 190 毫米），已经具备压制敌驱逐舰，引导和支援己方海上兵力进行作战的能力。

　　随着战列舰的排水量不断增大，巡洋舰的排水量也不断增大。于是人们开始区分轻巡洋舰和重巡洋舰。一战后，在不同的军备限制条约中对这两个概念均有定义。轻巡洋舰的主炮口径为 155 毫米以下，重巡洋舰的主炮口径则在此以上。在 1922 年的《华盛顿海军条约》中规定 203 毫米为重巡洋舰的炮径上限。只有 5 艘巡洋舰的主炮口径在此之上：3 艘德国德意志级装甲舰和美国在二战中使用的 2 艘阿拉斯加级大型巡洋舰。

1922 年的《华盛顿海军条约》签署之后，战列舰、航空母舰和巡洋舰的吨位和数量受到了严格限制。为了不违反条约规定，各国开始大力发展轻巡洋舰。这种巡洋舰吨位在 10000 吨以下，航速很快，可以达到 35 节，舰上装有 6 门～12 门主炮，口径为 127 毫米～155 毫米。

由于这种轻型巡洋舰在条约中没有具体规定，各海军大国开始暗自搞起"小动作"。比如英国建造的条约型巡洋舰，在设计时按照 190 毫米大口径舰炮设计，但在配备武器时却采用了 152 毫米口径的舰炮，等条约失效后立即更换大口径舰炮。日本也是如此，先装备 5 座 155 毫米炮，然后突然换装 5 座 203 毫米大口径炮。

在二战爆发时，英、美、日、法、意、苏、德 7 个国家的 190 多艘巡洋舰被投入了各个战场，破交保交，袭击港口，警戒护航，海上伏击……进行了一次又一次搏杀。所谓"破交保交"，即破坏敌人的交通线保卫自己的交通线。1939 年，战争爆发的 4 个月里，同盟国被击沉的商船和辅助舰的吨位为 50.932 万吨；到 1940 年年底达 247.756 万吨；而 1942 年一年，就损失了 654.6271 万吨，达到了二战期间损失商船和辅助舰吨位的顶峰。

▲ 英国皇家海军"多塞特郡"号重巡洋舰

▲ 日本海军"摩耶"号重巡洋舰

▲ 法国絮弗伦级重巡洋舰

▲ 苏联海军基洛夫级核动力导弹巡洋舰

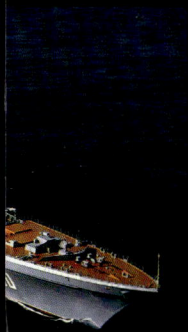

▲ 美国海军"长滩"号核动力导弹巡洋舰

　　二战以后，巡洋舰在数量上急剧减少，质量方面有所提高。从技术发展方面来看，主要是采用了核动力装置，装备了导弹武器和携载直升机作战。发展核动力巡洋舰的主要是美国和苏联海军，美国在 8 个级别的巡洋舰中有 5 个级别采用了核动力推进，而苏联只有一级舰采用了核动力装置。从吨位方面来看，二战后建造的巡洋舰吨位基本都在 10000 吨左右，只有苏联海军发展了一级基洛夫级，排水量达到 25000 吨，成为世界上最大的一级巡洋舰。

　　1991 年以来，随着冷战的结束，世界出现了裁军的趋势，巡洋舰又面临一次大的考验。人们发现，两三万吨的大型巡洋舰和几千吨级的驱逐舰所用武器相差不大，都是导弹、舰炮和直升机，所不同的只是携载数量的多少而已。所以，人们对于是否还有必要继续建造新的巡洋舰提出质疑。

　　美国所有核动力巡洋舰在 2000 年前全部退役。美国开始研发新型的 CGX 巡洋舰，但是由于种种原因不得不搁置该研发计划，转而研发 DDG1000 驱逐舰。俄罗斯虽然计划研发新型的暴风级巡洋舰，但由于经济衰落，实际上已难以继续建造大型战舰，再加上缺乏能够建造大型战舰的船厂，俄罗斯军方只能对已有的基洛夫级核动力巡洋舰进行改装。

ROYAL SOVEREIGN-CLASS

君权级战列舰（英国）

■ 简要介绍

君权级战列舰是前无畏舰时代各国近代战列舰设计的样板。其整体设计思想成为后来各国战列舰设计的效仿对象。君权级的建造代表了英国战列舰发展史上的一个分水岭，它与早先的战列舰相比，从技术上前进了一大步，而且从本级舰开始，逐渐使低干舷的战列舰退出历史舞台。君权级打破了英国战列舰长时间以来的尺寸限制，成为当时英国建造的最大型战舰，而且也是世界海军进入钢铁蒸汽时代30年来建造数量最多的一级主力舰。

▲ 威廉·亨利·怀特

■ 研制历程

1888年的英国海军舰队大演习暴露了一些舰只设计上的缺陷，特别是战列舰设计上的问题。低干舷的炮塔型战列舰和海军上将级露炮塔型战列舰在波涛汹涌的海面上遭受严峻考验，在某些情况下，由于横摇、纵倾非常严重，以致无法有效使用火炮。为此，英国海军部在战舰设计师威廉·亨利·怀特的建议下，提出了新的战列舰设计要求。在怀特的设计工作完成时，根据1889年的海军防卫法案，君权级战列舰的建造预算也获得通过，共建8艘。

基本参数

舰长	125米
舰宽	22.9米
吃水	8.84米
排水量	14420吨（标准） 15220吨（满载）
航速	18.27节
续航力	3086海里 / 13节 4720海里 / 10节
舰员编制	670人
动力系统	2台3缸立式三胀式蒸汽机

■ 作战性能

君权级是优秀的主力舰，建造质量优异，有相对好的居住条件，设计简单有效。与同时代其他国家的战列舰相比，君权级几乎在每个方面都有获胜的把握，并由此在几年的时间里享有无可争议的优势，但飞速发展的火炮以及装甲技术使得本级舰服役不到10年就已经显得落后。

此外，君权级舰也存在两个弱点，但在当时并没有被发现，因此也延续到后继舰中。其一是在舯舭两个炮座之间有一条舰内弹药通道，而这条通道有可能成为火灾和爆炸的蔓延渠道；其二是在机舱部分增加了中心线防水舱壁，一旦受到水下损伤时，战舰容易产生大的横倾。

知识链接 >>

威廉·亨利·怀特（1845—1913）是英国伟大的战列舰设计师。1886—1902年，威廉·亨利·怀特担任英国海军建造主管，他设计并主管建造的战列舰是维多利亚时代晚期海军战列舰的典范；1895年，威廉·亨利·怀特被封为爵士。在当造船总监的16年里，他设计制造了43艘战列舰、26艘装甲巡洋舰、102艘防护巡洋舰和74艘非装甲军舰。

DREADNOUGHT
"无畏"号战列舰（英国）

■ 简要介绍

　　"无畏"号战列舰，亦称无畏级战列舰，仅建一艘，是英国皇家海军的一艘具有划时代意义的战列舰，是近代海军史上第一艘采用统一型号主炮的战列舰，也是第一艘采用蒸汽轮机驱动的主力舰。它采用统一弹道性能的主炮，不仅使战舰的火力提升，而且舰上的指挥人员能够统一指挥所有主炮瞄准相同目标进行齐射，用覆盖式的火力投射范围来提高主炮命中率，对战列舰的作战方式产生了革命性的影响。

■ 研制历程

　　1904 年，炮术专家约翰·阿巴斯诺特·费舍尔爵士出任英国第一海务大臣，他牵头组成了一个委员会，目的是拿出一个关于新战列舰的设计方案。在他的领导下，初步方案很快被拟订，方案最为显著的特征就是采用统一型号的 10 门 305 毫米口径主炮和可以长时间内保持 21 节航速运行的蒸汽轮机组。这个设计方案就是"无畏"号的设计方案。

基本参数	
舰长	160.6米
舰宽	25米
吃水	9米（最大载重）
排水量	18110吨~18410吨（标准） 21060吨~21840吨（满载）
航速	21节
续航力	6620海里 / 10节 4910海里 / 18.4节
舰员编制	695人~773人
动力系统	18台燃煤蒸汽锅炉 4台蒸汽轮机组

▲ "无畏"号战列舰挂满旗系泊

"无畏"号战列舰采用长艏楼船型，取消了舰艏水下撞角；与以往战列舰最大的区别是引用"全重型火炮"概念，采用10门统一型号、弹道性能一致的305毫米口径主炮。它的航速比以前的任何战列舰都要快，在最大航速提高到21节的同时，可以长时间保持高速航行并保持良好可靠性，相对旧式的往复式蒸汽机组功率更大，可靠性高。其防御装甲比以往任何战舰都不逊色，装甲采用表面硬化处理，重要部位的装甲厚度达到279毫米，提供了全面的防护能力，舰体舱室水线下水密舱取消横向联络门，加强水密结构，提高战舰的抗沉能力。

知识链接 >>

约翰·阿巴斯诺特·费舍尔（1841—1920），英国皇家海军历史上最杰出的改革家和行政长官之一。他对英国海军各个领域进行了广泛的探索。通过他的努力，英国海军得以在一战中确保海上优势，从而取得了最终的胜利。"战争的本质是暴力，战争中的中庸便是低能！"这是他有名的格言，他在海军军事上的所有改革措施都忠实地履行了这个格言，这使他获得众多的赞誉和非难。

约翰·阿巴斯诺特·费舍尔

QUEEN ELIZABETH-CLASS

伊丽莎白女王级战列舰（英国）

■ 简要介绍

伊丽莎白女王级战列舰是英国皇家海军麾下的一型战列舰。由于主炮重量较大以及威力提升，本级舰比英国之前建造的战列舰减少了一座主炮炮塔。伊丽莎白女王级战列舰是英国首批全部以燃油锅炉为动力的战列舰，燃油锅炉的使用有助于提高航速，且燃料补给十分简便，其最高航速接近早期的战列巡洋舰，由此被称为"高速战列舰"。无论是火力、航速还是防御装甲，该级战列舰都比无畏级战列舰有显著提高。

■ 研制历程

1912 年，英、德海军建造军舰的竞赛进入狂热状态。传闻德国彼时正计划建造安装更大口径的主炮和增加装甲防护的无畏舰。在海军大臣丘吉尔的主张下，英国皇家海军决定在伊丽莎白女王级战列舰上安装 381 毫米口径主炮，取代先前的 330 毫米口径主炮。伊丽莎白女王级战列舰共建 5 艘，首舰"伊丽莎白女王"号由朴次茅斯船厂建造，1912 年 10 月 21 日开工，1913 年 10 月 16 日下水，1915 年 1 月完工。

基本参数	
舰长	195米
舰宽	27.6米
吃水	9.2米
排水量	29150吨（标准） 33020吨（满载）
航速	25节
续航力	8600海里 / 12.5节
舰员编制	925人
动力系统	24台锅炉（改装后为8台锅炉） 4台涡轮蒸汽机

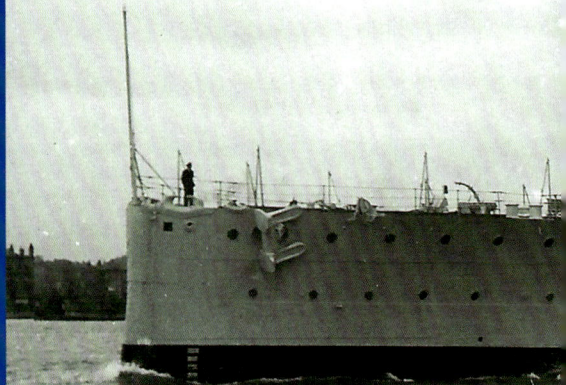

▲ 伊丽莎白女王级战列舰前主炮

　　武备装备：8 门双联装 381 毫米 42 倍径主炮，12 门 152 毫米 45 倍径副炮，2 门 76 毫米炮（1934 年改装中，本级"马来亚"号、"厌战"号加装双联装 101 毫米口径高射炮 4 座，加装八联装 40 毫米高射炮；1937 年改装中，本级"勇士"号、"伊丽莎白女王"号拆除副炮改装双联装 113 毫米口径高平两用炮 10 座，加装 40 毫米和 20 毫米高射炮），533 毫米口径鱼雷发射管 4 具（改装中拆除）。

　　装甲厚度：侧舷装甲带 330 毫米（最大），主甲板 63 毫米～127 毫米（第二次改装中在机舱与弹药库顶部铺设 63 毫米～102 毫米装甲），炮塔 330 毫米（正面）、127 毫米（顶部），炮座 254 毫米，司令塔 279 毫米。装甲总重 8100 吨。

知识链接 >>

　　二战中，伊丽莎白女王级战列舰 2 号舰"厌战"号多次受创伤而最终安然无恙，成为二战中英国皇家海军的传奇战舰。1940 年 4 月，"厌战"号调回英国参加挪威战役，使用其舰载的"剑鱼"式水上飞机击沉德国潜艇 U-64，成为二战中第一个击沉潜艇的战列舰。1940 年 7 月，在地中海卡拉布里亚海战中，"厌战"号命中 24140 米外的意大利战列舰，这是经确认的战列舰动对动炮击命中敌舰最远距离的纪录。

▲ 伊丽莎白女王级战列舰

IRON DUKE–CLASS
铁公爵级战列舰（英国）

■ 简要介绍

    铁公爵级战列舰是英国在一战初期建造的一种战列舰，因安装了新型通信及火力控制系统，大多被作为英国海军战列舰分队的旗舰。"铁公爵"号战列舰因为在日德兰海战中是由英国海军大洋舰队司令约翰·杰利科海军上将指挥的旗舰而闻名于世。铁公爵级战列舰根据《伦敦海军条约》的规定退役。其中，"铁公爵"号后来作为海军舰艇母船一直使用到二战时期，曾遭德军轰炸。

■ 研制历程

    铁公爵级战列舰共建造了 4 艘，分别为"铁公爵"号、"马尔伯罗"号、"本鲍"号、"印度皇帝"号。

    首舰"铁公爵"号由朴次茅斯船厂建造，1912 年 1 月 12 日开工，1912 年 10 月 12 日下水，1914 年 3 月完工，1919 年退役，1931 年成为训练舰。1939 年 10 月 17 日，其在斯卡帕湾遭到德国空军飞机轰炸搁浅。

    末舰"印度皇帝"号由维克斯船厂建造，1912 年 5 月 31 日开工，1913 年 11 月 27 日下水，1914 年 11 月服役，1931 年退役，当年 9 月 1 日作为靶舰被击毁。

基本参数	
舰长	189.8米
舰宽	27.43米
吃水	9.98米
排水量	25820吨（标准） 30380吨（满载）
航速	21.6节
续航力	7780海里 / 10节 4840海里 / 19节
舰员编制	995人

▲ 铁公爵级战列舰甲板上主炮的炮弹

■ 作战性能

铁公爵级战列舰的主要武器装备为 10 门双联装 343 毫米 45 倍径主炮，12 门 152 毫米口径副炮，4 门 47 毫米 50 倍径舰炮和 4 根 533 毫米口径鱼雷发射管。它是英王乔治五世级战列舰（1911 年起建造）的改进型。它将原有的 102 毫米副炮全部换成 152 毫米副炮。为了应对吨位日益增大，以及火力增强的驱逐舰的威胁，采用 152 毫米口径副炮，全部安装在舰体前部舰楼中。这是外观上与猎户座级、乔治五世级最明显的区别。为了减轻结构重量、加强重点区域防护，该级舰放弃了以往英国战列舰上安装的水密隔舱纵向隔板，水下防护遂成隐患。

知识链接 >>

阿瑟·韦尔斯利（1769—1852），人称"铁公爵"，他是历代惠灵顿公爵的始祖；第 21 位英国首相，英国出将入相第一人；19 世纪最具影响力的军事、政治领导人物之一。他最初于印度军中发迹，西班牙半岛战争时期建立战功，并在打败拿破仑的滑铁卢战役中分享胜利成果。最终，他成为英国陆军元帅，也是世界历史上唯一获得八国元帅军衔者。

▲ 铁公爵级战列舰舰部主炮炮塔

KING GEORGE V-CLASS
乔治五世级战列舰（英国）

■ 简要介绍

乔治五世级战列舰是20世纪30年代末期英国建造的一级战列舰，也是二战前英国建造的最后一级战列舰。该舰是英国皇家海军为适应1936年第二次伦敦海军军备会议而设计的，是典型的条约型战列舰。与美国的同类战列舰一样，它在建造之初即装备了各类对海、对空搜索雷达。其主、副炮火控雷达，电子设备的性能也高于意大利、法国、日本制造。在击沉"沙恩霍斯特"号战列巡洋舰的战斗中，该级"约克公爵"号的雷达优势尽显无遗。

■ 研制历程

乔治五世级战列舰共建造5艘，分别为"乔治五世"号、"威尔士亲王"号、"约克公爵"号、"安森"号、"豪"号。然而，由于皇家海军坚持要求新造355毫米炮的威力必须超越效能不佳的旧406毫米炮，因此研发工作颇费时日。火炮的交付时间耽误了新舰舾装，致使乔治五世级最先建造，却最后下水，直到1940年才开始服役。

基本参数	
舰长	227米
舰宽	34.2米
吃水	8.5米
排水量	35000吨（标准） 44650吨（满载）
航速	29节
续航力	15000海里/10节 6300海里/27节
舰员编制	1530人~1900人
动力系统	4台齿轮传动式涡轮机 8台三锅筒式水管锅炉

▲ 乔治五世级战列舰

■ 作战性能

　　乔治五世级装备的 133 毫米口径高平两用炮性能优异，弹丸重、初速快、射程远、破坏力强，无论对海、对空，在射程、威力方面都超过了日本的 127 毫米 40 倍径高炮、德国的 105 毫米 65 倍径高炮、意大利的 90 毫米口径高炮等。小口径高炮方面，该级战列舰使用英制两磅炮（40.5 毫米口径），一般采用八联装安装，射速可达每分钟 300 发，火力猛烈，俗称"砰砰"炮，是当时各国防空武器中的新锐力量。不过，乔治五世级的两磅炮也存在性能不稳定、容易卡壳等问题。这些技术指标先进、可靠性不足的新锐武器令该级战舰在日后的高强度作战中吃尽苦头。

▲ 乔治五世级战列舰

知识链接 >>

　　1941 年 5 月 27 日，"乔治五世"号取得了服役期间最大的战果，与"罗德尼"号战列舰一同击沉了德国海军最强大的"俾斯麦"号战列舰。1945 年上半年，"乔治五世"号协同"依阿华"号等同盟国军队战列舰游移于日本近海，炮击室兰制铁所等日本工业设施。1945 年 9 月 2 日，"乔治五世"号在东京湾参加了日本投降仪式。

VANGUARD

"前卫"号战列舰（英国）

■ 简要介绍

　　"前卫"号战列舰是英国建造完成的最后一艘战列舰，也是皇家海军中最大、最快的战列舰。"前卫"号的火力一般，然而其建造背景已无任何海军条约限制，因此在技术的使用上集合了英国从一战以来的造舰工艺之大成，无论是装甲带的配置还是舰身设计均有其独到之处。

■ 研制历程

　　在《伦敦海军条约》失效，进入无条约时代后，英国皇家海军预计将舰队战列舰总数扩增至20艘。然而相较于德国、日本的新战列舰，即使是新造的乔治五世级，单舰战力上仍不尽如人意。设计用于应对此局面的狮级战列舰在1939年才动工，完工得等到1943年，这使英军不得不谋求更速成的战力形成途径。

　　1939年7月，新舰基本设计确定，代号为15号，衍生出A、B、C 3个子项，区别在于速度。1940年5月，在C方案基础上进一步修改而成的D方案被正式通过，定名为前卫级。这个计划恰到好处的基本设定、低投入和短工时引起了时任海军大臣温斯顿·丘吉尔的巨大兴趣，像他早年的追求一样，这个拥有快速优点的新计划被他热情地称呼为"战列巡洋舰"。

基本参数	
舰长	248.2米
舰宽	32.9米
吃水	11米
排水量	45200吨（标准） 52250吨（满载）
航速	30节
续航力	8250海里/15节
动力系统	8台锅炉 4台蒸汽轮机

▲ "前卫"号战列舰

■ 作战性能

　　"前卫"号的主炮与炮塔是由旧舰上移植的，但英军仍在炮身结构以外的层面进行了修改设计，以提升其性能。改良后的主炮称为 MK 1/N RP12。同时，英国皇家海军吸取了纳尔逊级战列舰与乔治五世级主炮炮弹过轻，满足了射程却牺牲掉精度的教训，设计了新型穿甲弹。穿甲弹重量 879 千克，比乔治五世级使用的 721 千克重穿甲弹重许多；搭配新开发的发射药，MK 1/N RP12 舰炮最大射程增加到 33380 米，贯穿力最佳表现是在距离 19840 米时能贯穿 305 毫米的垂直装甲，在距离 29720 米的长距离炮击时仍有可贯穿 152 毫米水平装甲的性能。

▲ "前卫"号战列舰

知识链接 >>

　　1930 年 4 月 22 日，《华盛顿海军条约》的缔约国联合召开"伦敦海军军备会议"，签订《限制和削减海军军备条约》（《伦敦海军条约》），对缔约国的主力舰数量进一步裁减，继续冻结各缔约国主力舰的建造至 1936 年，并且约定了舰龄超过 20 年的主力舰可进行改装与提升性能。条约的有效期到 1936 年 12 月 31 日为止。

FLORIDA-CLASS
佛罗里达级战列舰（美国）

■ 简要介绍

佛罗里达级战列舰为特拉华级战列舰的改进型，两级舰外形相似，仅将后部主枪变换到后烟囱之后。同级舰 2 艘为"佛罗里达"号、"犹他"号。"佛罗里达"号曾经参与一战。按照 1930 年签订的《伦敦海军条约》的规定，两舰退出战斗序列，作为训练舰使用，并用于新武器测试。"犹他"号在 1941 年日本海军偷袭珍珠港时倾覆沉没，战后成为一艘纪念舰被保存至今。

■ 研制历程

佛罗里达级战列舰一共 2 艘，首舰"佛罗里达"号于 1909 年 3 月 9 日在纽约海军造船厂开工，1910 年 5 月 12 日下水，1911 年 9 月 15 日正式入役，1925 年进行现代化改装。根据 1930 年《伦敦海军条约》的规定，1931 年 2 月 16 日，"佛罗里达"号在费城退役，随后解体。

2 号舰"犹他"号于 1909 年 3 月 9 日在新泽西州卡姆登造船厂开工，1909 年 12 月 23 日下水，1911 年 8 月 31 日在费城入役，1925 年进行现代化改装。1930 年《伦敦海军条约》签订后，"犹他"号被改造为用于新武器测试的平台。1931 年 7 月 1 日，其被重新定级编号为 AG-16。

基本参数	
舰长	156.48米
舰宽	22.46米
吃水	8.3米
排水量	21825吨（标准） 23033吨（满载）
航速	21节
续航力	16500海里 / 10节
舰员编制	1000人~1171人
动力系统	14台锅炉

▲ 佛罗里达级战列舰左侧视图

佛罗里达级战列舰是美国全部使用蒸汽轮机的战列舰，燃煤的锅炉虽然多，但是在动力输出方面仍然不够强劲。为了追求速度，其削减了水平装甲厚度，节约了宝贵的吨位，并增加推进轮机和螺旋桨的数量，这使佛罗里达级成为美系战列舰中首个使用4轴4桨推进的战列舰，战列舰最高航速达到21节，续航可以保持10节的速度航行6720海里。

佛罗里达级战列舰舰上装备有5座双联装305毫米45倍径主炮；副炮为16门单装127毫米炮，6门单装76毫米炮。

知识链接 >>

1941年12月7日，临近早晨8点时，有人注意到3架飞机从海港入口处飞至福特岛，并开始投下炸弹。8点01分，"犹他"号前部被一枚鱼雷击中，随后日机进行了更猛烈的攻击。不久，"犹他"号开始倾覆，侥幸逃离战列舰的指挥官所罗门·埃斯库斯在空袭仍持续时，召集志愿者返回舰体进行救援。本舰获得了1枚战斗之星勋章，至今残骸还沉在海底。

▲ 佛罗里达级战列舰右侧视图

NEW YORK-CLASS
纽约级战列舰（美国）

■ 简要介绍

纽约级战列舰是美国海军建造的一型战列舰，是第一批搭载356毫米主炮组的美国海军主力舰。由于蒸汽涡轮机的效率低，本级舰皆装上了一具蒸汽发动机，而使得作战范围得以扩大。此外，本级舰还依据怀俄明级装甲方案而安装了强化装甲，后来因进行大量现代化改造而替换了推进装置、强化水平装甲，以及改良了鱼雷防御。两艘舰艇皆服役于第一、二次世界大战。

■ 研制历程

一战前夕，当时主要海军强国的战列舰都已经装备305毫米以上口径主炮，而美国的怀俄明级只装备305毫米口径主炮，这使美国海军感到不安，美国海军决定引进新式356毫米口径主炮装备新舰纽约级。

纽约级战列舰一共有2艘，"纽约"号和"德克萨斯"号。首舰"纽约"号于1911年开工，1914年服役，1945年退役，并在1946年成为原子弹试验中的靶船。试验中，"纽约"号并未沉没，但随后被军方击沉。

基本参数	
舰长	174.65米
舰宽	29.03米
吃水	8.7米
排水量	27000吨（标准） 28367吨（满载）
航速	21节
续航力	7684海里 / 12节（改装前） 15400海里 / 10节（改装后）
舰员编制	1042人~1314人
动力系统	2台4缸立式三胀式蒸汽机 14台燃煤锅炉

▲ 正在建造中的纽约级战列舰

■ 作战性能

  纽约级战列舰的主炮是 5 座双联装 356 毫米口径 MK1 型 L / 45 主炮；副炮是 16 门 MK7 型 127 毫米炮（1945 年后减少为 6 门），8 门 MK22 型 76 毫米 L / 50 高炮。纽约级战列舰装备的小口径防空炮是 8 门 28 毫米炮，1945 年后增加 40 门 40 毫米炮（4 联 ×10）、48 门厄利孔 20 毫米机炮（单装 ×44，双联 ×2）。

  1926 年，纽约级战列舰进行了现代化改装，减少了舷侧副炮的数量；拆掉前、后部笼式主桅，改在第三和第四炮塔之间架设一个后桅楼，舰桥改为三脚桅式；将两个烟囱并为一个；搭载 3 架水上侦察机。1944 年 7 月，本级舰返回美国进行现代化改装，然而改装的空间太小，只是加装了防空和雷达设施。

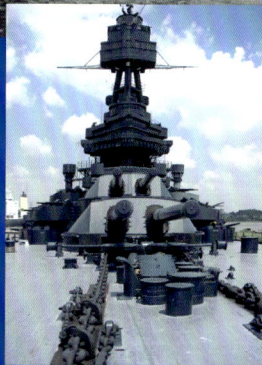

知识链接 >>

  "纽约"号在大西洋服役，开始主要担任训练舰。1943 年，"纽约"号开始执行为大西洋船队提供护航的任务。1944 年，"纽约"号加入太平洋舰队，参加了硫黄岛、冲绳岛和日本本土的作战行动，主要是作为炮击舰使用。

▶ 纽约级战列舰的前主炮

NEVADA-CLASS
内华达级战列舰（美国）

■ 简要介绍

内华达级战列舰是美国一战前建造的一型战列舰。这级舰的设计在美国海军中拥有多个首次：首次采用单烟囱的战列舰，首次安装三联主炮的战列舰，也是首次单独使用燃油的战列舰。更值得一提的是，该级舰首次放弃全面防护而采用重点防护方式。其设计一直贯穿了十余年的美国战列舰设计路线，其影响力之深远不言而喻。

■ 研制历程

美国海军在 1911—1912 年间进行的火力试验表明，以前的战列舰传统防护体系的中等厚度装甲，无法防御无畏型战列舰等大口径火炮发射的穿甲弹。于是在内华达级战列舰上体现了美国海军战舰防护设计上的重大革新。

内华达级战列舰共建造 2 艘，首舰"内华达"号于 1912 年 12 月在马萨诸塞州福雷河船厂开工，1914 年 7 月下水，1916 年 3 月服役。

2 号舰"俄克拉荷马"号于 1912 年 10 月在新泽西州卡姆登市的纽约造船厂开工，1914 年 3 月下水，1916 年 5 月服役。

基本参数	
舰长	177.7米
舰宽	29.6米
吃水	9.9米
排水量	27500吨（标准） 28400吨（满载）
航速	20.5节
续航力	29000千米 / 10节
舰员编制	864人（设计） 1374人（实际）
动力系统	12台亚罗型蒸汽轮机（"内华达"号） 12台巴威型蒸汽机（"俄克拉荷马"号）

■ 作战性能

内华达级战列舰在美国战列舰发展史上开创了"标准型战列舰"的先河，具体表现为：适用于远距离炮战的防大落角炮弹的装甲甲板，集中防御设计，大致 21 节的最高航速，最高航速状态下 640 米的战术转弯半径以及损管能力的改善。

▲ 内华达级战列舰俯视图

内华达级的武器装备独具一格，虽然和纽约级一样采用了10门356毫米口径主炮，但却首次采用了三联装炮塔，有2座三联装和2座双联装共4座炮塔。这些炮塔的装甲厚度为229毫米～457毫米，炮座装甲厚度为343毫米，三联装炮塔的采用不但减轻了炮塔的装甲重量，也缩短了要害区域长度，同样起到降低装甲总重的作用。

知识链接 >>

1941年12月7日，日本偷袭珍珠港，"内华达"号在第一波空袭中，率先投入反击，试图开出珍珠港；在第二波空袭中，它被命中了6枚以上的炸弹后，在福特岛的西南抢滩成功。1944年，"内华达"号在大西洋参加了诺曼底登陆战役的火力支援。1945年3月，它参加了硫黄岛战役和冲绳岛登陆战的登陆火力掩护任务。"内华达"号在二战中获得了7枚战斗之星勋章。

PENNSYLVANIA-CLASS
宾夕法尼亚级战列舰（美国）

■ 简要介绍

宾夕法尼亚级战列舰是内华达级战列舰的改进型。它采用4座三联装356毫米主炮的炮塔替换了内华达级的双联装主炮塔，增加了主炮数量，使用12门356毫米口径火炮。4座三联装主炮塔沿舰体纵向中心线呈背负式，前后各布置2座。此外，改进型更新了动力系统，全面采用蒸汽轮机，是美国海军首批以全部燃油为燃料的战列舰。

■ 研制历程

1912年，美国海军决定建造内华达级的改进型——宾夕法尼亚级。本级舰2艘，首舰"宾夕法尼亚"号于1913年10月开工，1915年3月下水，1916年6月开始服役，1946年退役，同年作为靶舰参加原子弹试验，后沉没。2号舰"亚利桑那"号于1914年3月开工，1915年6月下水，1916年10月服役。

基本参数	
舰长	185.3米
舰宽	32.4米
吃水	10.2米
排水量	32440吨（标准） 39224吨（满载）
航速	21节
续航力	8000海里/10节（改装前） 19900海里/10节（改装后）
动力系统	全面采用蒸汽轮机

▲ 宾夕法尼亚级战列舰编队

宾夕法尼亚级战列舰没有参加一战，原因是其以燃油为燃料不适合与当时的其他战舰编队。随后它一直作为所在舰队的旗舰参与训练和演习。20 世纪 30 年代，宾夕法尼亚级战列舰进行了现代化改装，前后主桅改为三脚桅并增设桅楼，改建舰桥，撤去部分副炮改装高射炮，改良防护，并加装水上飞机。1942 年再次对其进行现代化改装，拆除后主桅，改建舰桥，撤去全部旧式副炮，改装高平两用炮。

知识链接 >>

1943 年 11 月之后，"宾夕法尼亚"号参加了几乎所有的两栖登陆作战，其中包括吉尔伯特群岛、马绍尔群岛、马里亚纳群岛等战役，它或者作为火力支援舰，或者作为护航舰。从莱特湾海战开始到后来的登陆硫黄岛和冲绳群岛作战，美军舰队开始遭遇神风特攻队的自杀式攻击。在冲绳岛登陆战中，它被神风自杀飞机击中，致使其返港维修直至战争结束。"宾夕法尼亚"号共获得了 8 枚战斗之星勋章。

▲ 改装后的宾夕法尼亚级战列舰

NEW MEXICO-CLASS
新墨西哥级战列舰（美国）

■ 简要介绍

新墨西哥级战列舰相对宾夕法尼亚级战列舰的设计进行了一些较大的改进，该级战列舰新设计了飞剪型舰艏，以提高在恶劣海况中行驶的稳定性。这种舰艏逐渐成为美国海军后继主力舰的一种特征。新墨西哥级战列舰主炮口径与宾夕法尼亚级相同，采用 50 倍径身管，射程也相应增加；副炮安装在露天甲板以上；增加了水平甲板的装甲防护和内部防护。新墨西哥级战列舰于 20 世纪 30 年代现代化改装中拆除了笼式主桅，改装塔式舰桥，并拆除部分副炮，在甲板之上加装了单装防空火炮。

■ 研制历程

新墨西哥级战列舰于 1914 年开始动工建造。该级战列舰同级舰 3 艘："新墨西哥"号、"密西西比"号、"爱达荷"号。

基本参数	
舰长	190.3米
舰宽	29.6米
吃水	10.4米
排水量	32000吨（标准） 33000吨（满载）
航速	22节
续航力	6400海里 / 12节（改装前） 12750海里 / 12节（改装后）
舰员编制	1084人（改装前） 1930人（改装后）
动力系统	蒸汽轮机带动发电机驱动

▲ 新墨西哥级战列舰

■ 作战性能

新墨西哥级战列舰上装备有 12 门 356 毫米 50 倍径主炮；22 座 127 毫米口径副炮（第一次改装拆除 12 座 ~14 座）；第二次改装 127 毫米高平炮 16 门，40 毫米高射炮 40 门 ~ 52 门，20 毫米高射炮 40 门。装甲厚度方面，侧舷水线（最大）342 毫米；炮塔（正面）457 毫米；司令塔 406 毫米；甲板 89 毫米（改装后 152 毫米）。

▲ 新墨西哥级战列舰前甲板上的炮塔

知识链接 >>

1944 年，"新墨西哥"号为进攻马尼拉的登陆行动提供火力支援。1945 年 1 月 6 日，受到日本自杀飞机攻击，包括舰长在内的 29 名船员阵亡。在珍珠港修理后，该战列舰于 1945 年 4 月参加了冲绳岛登陆战役，同年 4 月 17 日炮击日本阵地；同年 5 月 11 日，用舰炮击沉了 5 艘向其发动自杀式攻击的小船。

TENNESSEE-CLASS
田纳西级战列舰（美国）

■ 简要介绍

　　田纳西级战列舰是美国海军隶下的一型战列舰。采用了新式的龙骨设计，鉴于日德兰海战的经验，其舰体水下防护比过去的旧型战列舰有很大改进，内部划分多层隔舱，并加强了水平甲板防护。该级舰采用与新墨西哥级战列舰相同的电气推进动力系统。其356毫米口径主炮以及副炮均装有火控系统，在其前后主桅上加装大型桅楼安装火力控制设施（部分前期造的战列舰也实施了此项改装），同时提高主炮仰角，延长了射程。

■ 研制历程

　　田纳西级战列舰于1917年开工，同级舰有2艘，首舰"田纳西"号于1917年5月开工，1919年4月下水，1920年6月服役。2号舰"加利福尼亚"号于1919年11月下水；1921年8月，作为太平洋舰队的旗舰开始服役。

　　1942年，田纳西级两舰进行彻底的现代化改装，战列舰的外观变化较大，舰体上层建筑拆除改建成与南达科他级战列舰类似的式样，撤去旧式副炮，改装新型高平两用副炮，加强防空和防鱼雷的能力。

基本参数	
舰长	190.35米
舰宽	29.74米
吃水	9.2米
排水量	改装前：35190吨（满载） 改装后：40345吨（满载）
航速	21节
续航力	8000海里／10节
舰员编制	1083人～2243人
动力系统	2台蒸汽轮机 2台发电机 8台燃油锅炉

■ 作战性能

　　田纳西级战列舰在作战性能方面是非常强悍的。其装备了 12 门 MK4/6 型 356 毫米 50 倍径主炮（三联装 ×4），14 门 MK7 型 127 毫米 51 倍径副炮，8 门 MJ20 型 76 毫米 50 倍径高炮，两具 533 毫米水下鱼雷发射管；现代化改装后装备 12 门 MK4/6 型 356 毫米 50 倍径主炮（三联装 ×4），16 门 MK7 型 127 毫米 51 倍径副炮（双联装 ×8），40 门"博福斯"40 毫米机炮（四联装 ×10，"加利福利亚"号 56 门），40 门"厄利孔"20 毫米机炮，2 架水上飞机和一部弹射器。

▲ 田纳西级战列舰

知识链接 >>

　　1941 年 12 月 7 日，日本海军偷袭珍珠港时，"田纳西"号受轻伤逃过一劫，修复后，它开始了"复仇"行动。1943 年 5 月之后，"田纳西"号参加了太平洋大部分的两栖登陆作战。1944 年 10 月 24 日，"田纳西"号和其他 5 艘战列舰参加了夜间的苏里高海峡海战。1945 年后，"田纳西"号继续参加了硫黄岛和冲绳岛的两栖登陆战役。"田纳西"号在二战中获得了 10 枚战斗之星勋章。

COLORADO-CLASS

科罗拉多级战列舰（美国）

简要介绍

科罗拉多级战列舰，亦称马里兰级战列舰，是二战前美国建造的一型战列舰。它是继田纳西级和新墨西哥级后，第三批批准建造最多最大的一级，其基本形状和前两级相同，只是火力和防御不同。它的基本设计继承了田纳西级战列舰，沿袭了当时美国战列舰的标准风格，飞剪型舰艏，笼式主桅，副炮安装在艏楼甲板上，采用电气推进的动力系统，主要改进了火力和防护力。

研制历程

一战结束后，美国海军于1919—1921年计划建造10艘战列舰，但由于受1922年2月6日签订的《华盛顿海军条约》的限制，于1922年2月8日取消了其中7艘战列舰的建造，最终建成服役的3艘即科罗拉多级战列舰。分别为科罗拉多级1号舰“科罗拉多”号、2号舰“马里兰”号和3号舰“西弗吉尼亚”号。

基本参数	
舰长	190.3米
舰宽	29.7米
吃水	11.6米
排水量	32500吨（标准） 37500吨（满载）
航速	21节
续航力	20500海里 / 10节 9700海里 / 18节
舰员编制	1500人（设计） 2100人（战时）
动力系统	8台锅炉 2台蒸汽轮机

▲ 在日本偷袭珍珠港时，科罗拉多级战列舰“西弗吉尼亚”号陷入了火海

■ 作战性能

美国在获得日本海军长门级战列舰的情报后，更改了科罗拉多级战列舰的设计，用 8 门 406 毫米口径主炮取代了田纳西级战列舰上的 12 门 356 毫米口径主炮。由于火力上的加强，防御也要相应加厚来抵御敌方相同大口径炮弹。科罗拉多级战列舰的航行速度同当时的所有美国战列舰一样没有得到相应的重视，最大航速只有 21 节，其余各方面均与田纳西级相似。该级舰在 20 世纪 30 年代进行了现代化改装，加强防空火力并加装 126 毫米口径高炮。1942 年，"科罗拉多"号、"马里兰"号拆除后部主桅进行现代化改装，大大加强了防空火力。

▲ 科罗拉多级战列舰

知识链接 >>

1940 年，"马里兰"号进驻珍珠港。1941 年 12 月 7 日，日军在珍珠港突袭时，"马里兰"号被两颗炸弹穿透上层甲板，舰体发生纵向倾斜，维修之后立即支援了两栖登陆塔拉瓦战役，接着先后参加了吉尔伯特和马绍尔群岛战役、马里亚纳和帕劳群岛战役、贝里琉战役、菲律宾战役和冲绳之战。"马里兰"号在二战中获得了 7 枚战斗之星勋章。

北卡罗来纳级战列舰（美国）

■ 简要介绍

北卡罗来纳级战列舰是20世纪30—40年代美国建造的第一种快速战列舰。美国在履行《华盛顿海军条约》期间积累的大量技术成果被运用到该级舰的设计中。该级舰采用平甲板船型、塔式主桅，装甲甲板和舷侧倾斜装甲将整个军舰构成类似"装甲围舱"的匣式结构，由1号主炮塔前方纵向延伸至3号主炮塔后，舷侧装甲带按照抗御356毫米口径炮弹的标准设计。北卡罗来纳级增强了续航能力，装备了当时比较先进的雷达。

◀ 北卡罗来纳级战列舰主炮安装

■ 研制历程

"北卡罗来纳"号于1936年6月3日由美国国会批准建造，1937年10月27日在纽约海军船厂开工，1941年4月9日服役。2号舰"华盛顿"号于1938年6月14日在费城海军港开工，1941年5月15日服役。

基本参数	
舰长	222米
舰宽	33米
吃水	10.5米
排水量	标准：36600吨（1942年） 满载：46700吨（1945年）
航速	28节
续航力	16450海里/15节 5560海里/25节
舰员编制	1885人（设计） 2339人（战时）
动力系统	8台蒸汽锅炉 4台复式减速齿轮传动涡轮机

▲ 北卡罗来纳级战列舰"华盛顿"号高速航行

　　北卡罗来纳级战列舰主炮为 3 座三联装 406 毫米 45 倍径主炮，舰桥前部 2 座，后部 1 座，可发射重型穿甲弹；副炮为 10 座双联装 127 毫米 38 倍径高平两用炮。高炮最初采用 28 毫米和 12.7 毫米口径机枪，但在建成后随即换成同盟国军队制式的 20 毫米及 40 毫米口径机炮。

　　该级舰舷侧水下防护能抵御 700 磅（317 千克）TNT 爆炸当量，水下防护系统包括 5 层隔舱，舰底采用 3 层舰底结构。考虑到空中威胁日益增强以及远距离炮战，本级舰特别加强了水平防御装甲，水平防护系统要求能抵御 2700 米以下高度投下的 1600 磅（726 千克）穿甲炸弹的攻击。

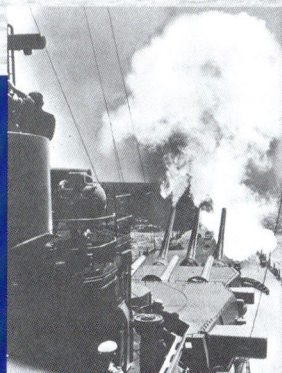

▲ 北卡罗来纳级战列舰前主炮三发齐射

知识链接 >>

　　太平洋战争爆发后，北卡罗来纳级 2 艘舰相继加入美国海军太平洋舰队。1942 年 8 月，美军在瓜达尔卡纳尔岛登陆，"北卡罗来纳"号成为当时为航空母舰护航的唯一一艘快速战列舰。1942 年 11 月 14 日，"华盛顿"号在瓜达尔卡纳尔岛海域的夜战中，凭借雷达的引导，击沉了日本海军"雾岛"号战列舰。在太平洋战争期间，北卡罗来纳级 2 舰参加了大部分重大战斗活动。

南达科他级战列舰（美国）

■ 简要介绍

　　南达科他级战列舰是美国海军于二战期间建成的一型战列舰，也是美国海军倒数第二级战列舰。它是在北卡罗来纳级战列舰基础上改进而成的，可担任舰队（特混编队）级旗舰，但在战争中多作为防空力量和对岸火力支援使用，在太平洋战争中发挥了重要作用，是美国二战期间战列舰兵力的中坚。

■ 研制历程

　　南达科他级战列舰与北卡罗来纳级由于设计时间接近，很多设计仍然参考了其"前辈"北卡罗来纳级。南达科他级在设计时被要求在吨位、火力不变的情况下加强防护力，因此尽可能地减轻一些不必要的重量，重点优化装甲防护。

　　南达科他级战列舰于 1938 年 5 月被批准建造，首舰于 1939 年 7 月 5 日在美国纽约造船厂开工，1941 年 6 月 7 日下水，1942 年 3 月 20 日服役，共建造了 4 艘，分别是"南达科他"号、"印第安纳"号、"马萨诸塞"号和"亚拉巴马"号，全部在 1942 年服役。

▲ "马萨诸塞"号战列舰

基本参数	
舰长	207.3米
舰宽	32.9米
吃水	15.8米
排水量	35447吨（标准） 45200吨（满载）
航速	27.5节
续航力	6400海里 / 25节 17000海里 / 15节
舰员编制	1793人（设计） 2346人（战时）
动力系统	8台重油锅炉 4台复式减速齿轮传动涡轮机

装甲厚度：炮塔正面 457 毫米，炮塔侧面 241.3 毫米，炮塔顶部 190.5 毫米，露天炮塔 292 毫米～444.5 毫米，司令塔 406 毫米，甲板 134.6 毫米。

武器装备：3 座三联装 406 毫米 45 倍径主炮，射程 33741 米，射速每分钟 2 发；10 座双联装 127 毫米 38 倍径高平两用炮（"南达科他"号为 8 座）；18 座四联装 40 毫米博福斯高射炮；35 门 20 毫米"厄利孔"机炮。

知识链接 >>

1942 年，在瓜达尔卡纳尔岛战役中，"南达科他"号遭到"雾岛"号战列舰重创，返回美国维修。维修后，"南达科他"号短暂地到大西洋巡航，然后返回太平洋，并先后参与吉尔伯特及马绍尔群岛战事、马里亚纳群岛及帕劳战事、莱特湾海战、硫黄岛战役及冲绳战役。日本投降后，"南达科他"号在东京湾见证了日本签字投降仪式。

IOWA

"依阿华"号战列舰（美国）

■ 简要介绍

　　"依阿华"号战列舰是美国海军建造的第四艘以依阿华州为名的军舰，是二战期间美国建成的吨位最大的一级战列舰——依阿华级战列舰的首舰，是历史上唯一一艘有浴缸的战列舰。2012年，"依阿华"号战列舰作为博物馆舰向公众开放，供来自世界各地的游客参观。

■ 研制历程

　　1940年6月27日，"依阿华"号在纽约海军船厂开工建造，1942年8月27日下水，1943年2月22日服役。

　　1982年10月至1984年4月，"依阿华"号在英格尔斯造船厂进行现代化改装，改装费用约4亿美元。此次改装的重点是加强对地、对舰攻击能力，增强反潜、防空能力，提高通信和电子设备的现代化水平和改善舰员的生活条件。

■ 作战性能

　　"依阿华"号在建成时，拥有15座四联装40毫米口径"博福斯"高炮，60门20毫米口径"厄利孔"高炮，用于近距离对空防御。舰艉两舷各安装1台弹射器，配置3架"翠鸟"水上飞机。在1982—1984年的现代化改装中，其拆除了所有40毫米、20毫米机炮，在原位置安装了现代化武器，包括8座4管箱型BGM-109"战斧"巡航导弹，共32枚；4座4管MK141储运箱式发射装置的RGM-84舰射型"鱼叉"反舰导弹，共16枚；4座20毫米MK15密集阵近程防御武器系统；12.7毫米单管机枪8挺。

基本参数	
舰长	270.4米
舰宽	32.92米
吃水	10米
排水量	44560吨（标准） 55710吨（满载）
航速	33节
续航力	20150海里 / 14节 4830海里 / 33节
舰员编制	1851人（设计） 2700人（战时）
动力系统	8台重油锅炉 4台蒸汽轮机

▲ 2012 年，"依阿华"号战列舰作为博物馆舰向公众开放

知识链接 >>

1944 年 4 月 22 日，在马朱罗环礁完成补给休整的"依阿华"号随快速航母编队驶往太平洋西南部，支援麦克阿瑟将军对新几内亚岛北部的进攻，对艾塔佩一带的日军进行了炮击，掩护美军在该地实施登陆。同年 10 月，"依阿华"号参加了莱特湾海战，期间为第七舰队战列舰编队旗舰，并参与恩加尼奥角海战，同战列舰编队击沉日军 2 艘驱逐舰、1 艘巡洋舰，重创 1 艘战列舰。

MISSOURI

"密苏里"号战列舰（美国

■ 简要介绍

　　"密苏里"号战列舰是美国海军 4 艘依阿华级战列舰中的 3 号舰，是美国最后一艘建造完成、最后一艘退役的战列舰，参加过二战、海湾战争等。1945 年 9 月 2 日，标志着二战结束的日本无条件投降的签字仪式正是在"密苏里"号主甲板上举行的。1999 年，"密苏里"号战舰作为博物馆舰，停泊在夏威夷珍珠港福特岛旁，供来自世界各地的游客参观。

■ 研制历程

　　1941 年 1 月 6 日，"密苏里"号在纽约海军船厂开工建造。1944 年 1 月 29 日，由后来的总统杜鲁门的女儿玛格丽特为"密苏里"号战舰主持下水和命名仪式。

　　1944 年 6 月 11 日，威廉·加纳汉被委任为"密苏里"号的舰长，该战列舰在纽约对开海域和切萨皮克湾完成海试并加入太平洋舰队，正式服役。

■ 作战性能

　　"密苏里"号采用了轻量化的 MK7 型 406 毫米 50 倍径主炮，由于应用了当时最先进的冶金技术，成功地将身管结构从 MK2 型的 7 层减少到 2 层，身管重量也降低了 22 吨，减至 108 吨。该炮可发射 MK8 型穿甲弹，MK13、MK14 型榴弹，MK19 型人员杀伤弹。其装甲足以承受 1 吨半重穿甲炮弹的轰击，"飞鱼"导弹轰击到战列舰的装甲钢板上也会被弹射回来，爆炸冲击波只能划伤装甲。

　　"密苏里"号拥有 20 座四联装 40 毫米口径"博福斯"高炮，49 门 20 毫米口径"厄利孔"高炮，用于近距离对空防御。1944 年建成后，舰艏舰艉各安装 1 台弹射器，搭载 3 架水上观测飞机，后改为搭载 3 架直升机。

基本参数	
舰长	270.4米
舰宽	32.92米
吃水	10米
排水量	标准：44560吨 满载：57256吨（改装后）
航速	31节
续航力	20150海里 / 14节 9600海里 / 25节
舰员编制	1851人（设计） 2700人（战时）
动力系统	8台重油锅炉 4台蒸汽轮机

▲ 1945 年 9 月 2 日，日本投降仪式在停泊于东京湾的"密苏里"号上进行

知识链接 >>

1945 年 2 月 10 日，"密苏里"号随米切尔中将的快速航母特混编队（共计 17 艘航空母舰、8 艘战列舰、16 艘巡洋舰、77 艘驱逐舰，被称为历史上最强大的舰队）从乌利西出发。

1945 年 2 月 16 日，该编队出动大批舰载机轰炸了东京地区的机场、飞机制造厂。

WISCONSIN

"威斯康星"号战列舰（美国）

■ 简要介绍

　　"威斯康星"号战列舰是一艘隶属于美国海军的战列舰，为依阿华级战列舰的4号舰。它是美军第二艘以威斯康星州为名的军舰，在二战中主要为同盟国军队舰队提供强大的火力支援，参与过进攻日本的多次战役，炮击过日本本土。"威斯康星"号于1995年正式退役。

◀ "威斯康星"号战列舰主炮开火

■ 研制历程

　　"威斯康星"号于1942年1月25日在费城造船厂开始建造，1943年12月7日下水。1944年4月16日，其在下水后仅4个月就正式服役，比3号舰"密苏里"号还早了2个月，同年12月9日完成训练加入第三舰队，替换在太平洋连续作战的"依阿华"号。

基本参数	
舰长	270.4米
舰宽	32.92米
吃水	10米
排水量	标准：45000吨 满载：57256吨（改装后）
航速	31节
续航力	20150海里 / 14节 9600海里 / 25节
舰员编制	1851人（设计） 2700人（战时）
动力系统	8台重油锅炉 4台蒸汽轮机

知识链接 >>

1981 年，里根当选美国总统，并提出"六百舰队"扩军计划，大规模扩充海军，以压制苏联。"威斯康星"号因而进行了大规模现代化改建，再一次服役。

NASSAU-CLASS
拿骚级战列舰（德国）

■ 简要介绍

　　拿骚级战列舰充分体现了德国海军的特点。首先是其防护性能秉承了德国战舰抗损性强的传统，其次是其机械可靠性高。拿骚级的各个部件、机械和枪炮，在十余年运转过程中始终表现出高度的稳定性。而作为"老舰"，拿骚级跟随装备蒸汽轮机的新战列舰一同参加日德兰海战，在锅炉和蒸汽机连续高速运转5天之后，没有发生任何故障，这与当时不断发生锅炉故障、蒸汽泄漏和装甲板脱落等事故的英国皇家海军战列舰形成鲜明对比。

■ 研制历程

　　拿骚级同型舰4艘，分别是"拿骚"号、"威斯特法仑"号、"莱茵兰"号、"波森"号。首舰"拿骚"号于1907年7月22日在威廉港皇家造船厂开工，1908年3月7日下水，1909年10月1日服役。4号舰"波森"号于1907年6月11日在基尔日耳曼尼亚船厂开工，1908年12月12日下水，1910年3月3日服役。

基本参数	
舰长	146.1米
舰宽	26.8米
吃水	8.76米
排水量	18873吨（标准） 20535吨（满载）
航速	20节
续航力	9400海里 / 10节 2800海里 / 19节
舰员编制	1008人
动力系统	12台燃煤锅炉 3台3缸往复式蒸汽机

▲ 拿骚级战列舰

拿骚级战列舰按前后和两舷侧的六角形配置6座主炮炮塔，装备12门280毫米口径主炮，主炮口径小于"无畏"号，射速较快。这种六边形的炮塔布置使得在每侧船舷方向只能保证8门主炮同时射击。副炮为12门150毫米口径炮，左右舷各6门。

为了在海战中抵御鱼雷艇等小型战斗舰艇的袭击，拿骚级还安装了16门88毫米口径炮，艏、艉、艏楼和艉楼各4门，用以对抗相对小巧灵活的鱼雷艇。与同时期其他各国的主力舰一样，拿骚级也配备有水下鱼雷发射管，一共6具，使用450毫米"施瓦茨科普夫"鱼雷。

知识链接 >>

一战结束后，协约国在《凡尔赛条约》中规定解散德国海军，并没收其主力舰只，抵充赔偿。当时相对老旧的拿骚级战列舰本不在引渡名单上，但在1919年6月21日，被引渡的德国主力舰队于斯卡帕湾集体自沉，协约国只得用拿骚级充数。1920年7月，"拿骚"号被分配给日本，其余3艘赔偿给英国。日本引渡"拿骚"号后，发现其舰况不理想，不愿花钱改装，于是又将其卖给英国。

▲ 拿骚级战列舰舰队

凯撒级战列舰（德国）

■ 简要介绍

凯撒级战列舰是德国继赫尔戈兰级之后设计的新一代战列舰，是德国海军首次使用蒸汽轮机动力系统的战列舰。凯撒级战列舰舰体舯部2座主炮塔呈两舷阶梯状对角布局，主炮反向射界夹角高于同类布局的英国战列舰，艉部2座主炮塔呈背负式布置。其防护设计继承了德国战列舰侧重防御的传统，改进火力与动力系统设计节约的重量用于加强防护，防护性能较以往德国的战列舰有较明显的提高。

■ 研制历程

凯撒级战列舰一共5艘，首舰"凯撒"号于1909年9月11日在威廉港皇家造船厂建造，1912年8月1日服役，1919年6月21日在英国的斯卡帕湾自沉。

2号舰"腓特烈大帝"号是特别追加建造的，作为德国公海舰队旗舰，于1912年10月15日服役，1919年6月21日在英国的斯卡帕湾自沉。

5号舰"路易特波尔德摄政王"号于1910年10月1日在基尔日耳曼尼亚船厂建造，1913年8月19日服役，1919年6月21日在英国的斯卡帕湾自沉。

基本参数	
舰长	172.4米
舰宽	29米
吃水	9.1米
排水量	24724吨（标准） 27000吨（满载）
航速	23节
续航力	7900海里 / 12节 2400海里 / 21节
舰员编制	1084人
动力系统	16台锅炉 3台蒸汽轮机

▲ 凯撒级战列舰

▲ 凯撒级战列舰

知识链接 >>

一战结束后，英国将"腓特烈大帝"号在内的公海舰队主力拘留于斯卡帕湾内。在商定《凡尔赛和约》期间，舰队全部解除了武装，只保留了最低限度的人员。1919年6月21日，德国被拘留在斯卡帕湾的舰队指挥官路德维希·冯·罗伊特海军少将下令凿沉斯卡帕湾内所有舰艇，"腓特烈大帝"号也不例外。1936年，英国重新将"腓特烈大帝"号打捞上来并进行拆解。1965年，德国方面取回了舰上的一个船钟，并放在格吕克斯堡的舰队司令部里。

KOENIG–CLASS
国王级战列舰（德国）

■ 简要介绍

国王级战列舰是德国一战前设计建造的一级战列舰。其作为凯撒级战列舰的改进型，改进了凯撒级主炮炮塔布局。它是德国第一级全部主炮沿中线布置的主力舰。舰体艏艉各2座主炮塔呈背负式，舯部1座主炮塔，全部主炮塔沿舰体中线布置，可以保证全部主炮舷侧齐射时火力发挥，有利于加强装甲防御能力，同时改进舰体水密隔舱，整体防护性能提高。本级4艘舰在一战结束后，因德军战败投降而被押往斯卡帕湾，在1919年6月21日都被德国舰员自凿沉没。

■ 研制历程

国王级战列舰一共4艘，分别是首舰"国王"号、2号舰"大选帝侯"号、3号舰"边境总督"号、4号舰"威廉王储"号。

■ 作战性能

国王级战列舰的主炮为5座双联装305毫米M1908型舰炮，拥有仅次于英国343毫米火炮的威力；副炮由14门150毫米45倍径单装舰炮组成，可以通过炮术指挥塔或瞭望塔控制，只能通过击发开火。起初，这些舰炮的射程为13500米，后来提高到了16800米。炮弹重46千克，每门炮每分钟最多可以射击7次。

◀ "大选帝侯"号上的炮台

基本参数	
舰长	175.4米
舰宽	29.5米
吃水	9.1米
排水量	23581吨（标准） 29200吨（满载）
航速	21节
续航力	8000海里／12节 2400海里／21节
舰员编制	1136人
动力系统	12台燃煤锅炉 3台燃油锅炉 3台蒸汽轮机

知识链接 >>

弗里德里希·克虏伯日耳曼尼亚船厂位于德国基尔港口，是两次世界大战期间德国海军最大和最重要的造船厂。一战前，该船厂为德国海军建造了大量战列舰。

▲ 国王级战列舰

BAYERN-CLASS
巴伐利亚级战列舰（德国）

■ 简要介绍

巴伐利亚级战列舰是德国在一战期间建造装备的一型战列舰，是第一级采用了三足主桅的德国战列舰。它装备了 8 门 380 毫米主炮，改变了一战期间德国海军舰队各级别军舰的主炮口径总是小于英国皇家海军同级舰艇的情况，同时战列舰采用蒸汽轮机动力装置，使其航速达到 21 节，装甲防护采用了传统的穹甲式装甲舱布局，具有良好的防护性能。本级两舰均在德国公海舰队服役，并最终在德国战败投降后，于 1919 年 6 月 21 日在斯卡帕湾自沉。

■ 研制历程

为应对其他海军强国大口径舰炮的威胁，德国海军部于 1911 年 7 月责成克虏伯公司研究 350 毫米舰炮的可行性。1911 年年底，时任公海舰队总司令的阿尔弗雷德·冯·提尔皮茨向威廉二世介绍了两个设计方案。1912 年 1 月 6 日，威廉二世决定采用排水量 28530 吨，安装 8 门 380 毫米 L／45 舰炮，预算造价 5750 万马克的最终方案，这便是巴伐利亚级战列舰。

巴伐利亚级战列舰计划造 4 艘，但最终竣工 2 艘，即首舰"巴伐利亚"号和 2 号舰"巴登"号。

基本参数	
舰长	180.3米
舰宽	30米
吃水	8.43米（标准） 9.39米（满载）
排水量	28530吨（标准） 32200吨（满载）
航速	22节
续航力	5000海里／12节
舰员编制	1171人
动力系统	11台燃煤锅炉 3台蒸汽轮机

■ 作战性能

巴伐利亚级战列舰装备 4 座双联装 380 毫米口径主炮，副炮有 16 门 150 毫米口径炮，还有 10 门防轻型舰艇的 88 毫米口径炮。巴伐利亚级的炮塔外观与以往的德国战列舰明显不同，炮塔侧壁呈垂直状，与顶装甲之间通过一段倾斜装甲连接起来。由于主炮塔重量较国王级大幅度上升，为了维持重心高度，巴伐利亚级将副炮群降低了一层甲板。主炮塔尾舱内备有 8 发待发弹，对提高火炮的战斗射速很有帮助，但不可避免地增大了炮塔的体积和重量，炮塔被击穿后殉爆的风险也上升了。和同时代的主力舰一样，巴伐利亚级也装有水下鱼雷发射管，舰艏 1 具，侧舷各 2 具。

知识链接 >>

阿尔弗雷德·冯·提尔皮茨（1849—1930），德国海军元帅，被称为"公海舰队之父"。提尔皮茨是一个极有胆魄的人物，他不但决意为德国创建一支真正的远洋舰队，而且还希望这样一支舰队能与英国皇家海军相匹敌。德皇威廉二世对提尔皮茨十分欣赏，全力支持他的扩充计划。

▲ 巴伐利亚级战列舰

DEUTSCHLAND-CLASS
德意志级战列舰（德国）

■ 简要介绍

德意志级战列舰，又称德意志级装甲舰或袖珍战列舰，是二战前德国建造的一级战列舰。它是德国海军在条约限制下充分发挥当时的技术优势，结合德国海军的战术需求而精心设计建造的，是德国针对条约限制独创的一种新型军舰。它的出现引起了广泛关注，对重巡洋舰来讲更是致命打击。该型舰火力、装甲防护与航速之间不成比例，因此其舰型的划分颇费脑筋。其在美、英、法等国家中逐渐被称为袖珍战列舰，可以说是轻量型或小型化的战列舰。

■ 研制历程

根据 1919 年 6 月 28 日签署的《凡尔赛和约》条款，德国不准拥有性能优良的无畏型战列舰，为此，德国开始尝试研究制订首批新型战列舰的设计方案，最终确定德意志级战列舰方案。

德意志级战列舰计划建造 5 艘，实际建造 3 艘。首舰"德意志"号于 1931 年 5 月 19 日下水，1931 年 6 月 25 日服役。2 号舰"舍尔海军上将"号于 1933 年 4 月 1 日下水，1934 年 12 月 12 日服役。3 号舰"格拉夫·斯佩海军上将"号于 1934 年 6 月 30 日下水，1936 年 1 月 6 日服役。

基本参数	
舰长	186米
舰宽	21.3米
吃水	5.79米
排水量	11700吨（标准） 15900吨（满载）
航速	26节
续航力	10000海里 / 18节 16000海里 / 12节
舰员编制	619人
动力系统	8台柴油机

■ 作战性能

德意志级战列舰主炮采用 2 座三联装炮塔，主炮口径为 279.2 毫米，可发射 304 千克炮弹，射程 27000 米；另配有 8 门单管 150 毫米低仰角副炮；"德意志"号和"舍尔海军上将"号在完工时装备有 3 门 88 毫米高炮，"格拉夫·斯佩海军上将"号设计还增加了防空火炮，包括 8 门 88 毫米口径高炮和 6 门 105 毫米（3 座双联装）高炮。

此外，该级舰还配有 8 座双联装 37 毫米和 20 毫米口径近程高炮；在舰艉甲板上还装有 2 具四联装 533 毫米口径鱼雷发射管。其中，"格拉夫·斯佩海军上将"号成为第一艘配备原始雷达设备的德国战列舰，该设备探测距离仅为 15 千米。

知识链接 >>

1939 年 11 月 15 日，"德意志"号更名为"吕佐夫"号，这是为防止该舰被击沉或打成重伤而使国家受辱。1945 年 4 月 16 日，"吕佐夫"号在施韦因蒙德以南遭到英国空军 5.5 吨级炸弹的攻击，尽管没有直接命中，但使该舰沉在浅水区。在战争的最后几个星期里，它被用作固定炮台。该舰于 1945 年 5 月 4 日自爆。

BISMARCK

"俾斯麦"号战列舰（德国）

■ 简要介绍

　　"俾斯麦"号战列舰是德国在二战前以俾斯麦名字命名的俾斯麦级战列舰首舰，是德国建成的最大的主力舰，超越了英国皇家海军旗舰"胡德"号战列巡洋舰，成为当时世界上吨位最大的战舰。其设计延续了德国的大舰风格，但出现了一些一战时期战列舰的设计痕迹，因此，虽然"俾斯麦"号战列舰集中了当时德国全部财力建造，但由于设计理念的落后而大大制约了其战斗力，导致服役不久即被击沉。

■ 研制历程

　　1932 年，德国为了使新式战列舰的数量达到替换所有根据《凡尔赛和约》得以留下的老战列舰的水平，并为对抗苏联的造舰计划，开始对大型战列舰的设计进行理论研究。1935 年，英、德海军签订协议，德国马上决定建造谋划已久的大型战列舰——俾斯麦级战列舰。

　　1936 年 7 月 1 日，"俾斯麦"号战列舰在德国布隆·福斯造船厂开工建造，1939 年 2 月 14 日下水，1940 年 8 月 24 日服役。

基本参数	
舰长	250.5米
舰宽	36米
吃水	10.7米
排水量	41700吨（标准） 50900吨（满载）
航速	30.8节
续航力	9320海里/16节 8525海里/19节 6640海里/24节
舰员编制	2092人
动力系统	12台高压重油锅炉 3台蒸汽轮机

▲ "俾斯麦"号战列舰正视图

■ 作战性能

　　"俾斯麦"号战列舰有 4 座双联装 380 毫米 52 倍径主炮，在前甲板和后甲板分别布置 2 座。其主炮可发射重 800 千克的穿甲弹和高爆弹，穿甲弹和高爆弹的长度均为 1.68 米，其中，穿甲弹采用高初速轻型弹，在近距离交战上拥有较强的威力。

　　"俾斯麦"号战列舰的防护设计是以德国海军以劣势兵力，在海况复杂的北海与英国皇家海军交战这一预设需求场景为前提的，权衡了全面防护和重点防护思路之后的结果，因此虽然设计上稍显保守和落后，但符合其现实需求。

▲ "俾斯麦"号战列舰侧视图

知识链接 >>

　　1941 年 5 月 18 日，"俾斯麦"号第一次也是最后一次参加莱茵演习行动。同年 5 月 26 日傍晚，"俾斯麦"号被英空军海防队的飞艇发现；5 月 27 日晨，英军的"乔治五世"号战列舰与"罗德尼"号战列舰追上"俾斯麦"号，并于早晨 8 点左右进入射程，两舰迅速接近，英舰用其 406 毫米及 356 毫米口径主炮轰击"俾斯麦"号。上午 10 时 39 分，"俾斯麦"号终于沉没于布雷斯特以西 400 海里水域。

TIRPITZ

"提尔皮茨"号战列舰（德国）

■ 简要介绍

　　"提尔皮茨"号战列舰是德国二战前建造的俾斯麦级战列舰 2 号舰。该舰以德国海军元帅、人称"德国海军之父"的阿尔弗雷德·冯·提尔皮茨命名。该舰火炮系统火力强大，火控系统精确有效，装甲防护全面强化，动力系统稳定可靠，是一型性能出色的大型战列舰。

■ 研制历程

　　"提尔皮茨"号战列舰于 1936 年 11 月 2 日在德国威廉海军造船厂开工，1939 年 4 月 1 日下水，下水仪式隆重非凡，大批高官参加，并请来了提尔皮茨的女儿法劳·冯·哈塞尔女士参加下水典礼。

　　在"提尔皮茨"号舾装期间，二战爆发。威廉造船厂不断被英机轰炸，使该舰的舾装工作受到很大影响。其服役期推迟了 4 个月，于 1941 年 2 月 25 日正式服役，1941 年 3 月 16 日开始到波罗的海进行为期 5 个月的测试和训练。

基本参数	
舰长	253.6米
舰宽	36米
吃水	9.1米（标准） 10.7米（满载）
排水量	42900吨（标准） 52900吨（满载）
航速	30.8节
续航力	9280海里 / 16节
舰员编制	2608人
动力系统	12台高压重油锅炉 3台蒸汽轮机

▲ 隆重的"提尔皮茨"号战列舰下水仪式

■ 作战性能

　　"提尔皮茨"号的主炮为4座SK–C34型380毫米52倍径双联装炮，其主炮理论射速很高，射速为3发／分，这是同期战列舰的最高水准；主炮塔采用前后对称呈背负式布局，舰桥前后各布置2座，射程亦不低于纳尔逊级战列舰的406毫米45倍径主炮，性能在当时很先进。其主炮穿甲弹采用高初速轻型弹，在中近距离交战上拥有较强的威力。其装甲防护沿用"全面防护"的设计模式，拥有同期战列舰中的最大防护范围。其设计上的主要缺陷为防空火力不足。

▲ "提尔皮茨"号倾覆

知识链接 >>

　　1944年11月12日，英国皇家空军第617中队以及第9中队的兰开斯特式轰炸机携带"高脚杯"炸弹，由苏格兰起飞，开始他们的第三次行动，即"问答集行动"。战斗中，3发"高脚杯"炸弹命中"提尔皮茨"号，1发擦炮塔防盾而过，没有对其造成致命伤，但另外2枚炸弹洞穿了"提尔皮茨"号的装甲。最后，"提尔皮茨"号倾覆在挪威特罗姆塞以西4海里的林根峡湾哈依岛南侧海域。

FUJI

"富士"号战列舰（日本）

■ 简要介绍

本舰是继"富士山"舰后另一艘以日本著名高峰富士山命名的日本海军舰船，是当时日本海军中装甲最厚的军舰（侧舷：457毫米；甲板：63毫米）。

1894年8月1日，该舰于英国泰晤士铁工所动工；1896年3月31日下水；1897年6月14日参加了英国维多利亚女王即位60周年纪念的观舰式；1897年8月17日竣工。1897年10月31日，"富士"号战列舰到达横须贺军港，与其余5艘日本战列舰组成了日本主要战列舰群。

日俄战争结束后，"富士"号战列舰被安排整修，其中包括换上新锅炉。

■ 研制历程

20世纪80年代后期，日本的假想敌——晚清的"定远""镇远"两艘德国制战列舰服役使用。这两艘舰常备排水量达7220吨，装设305毫米连装炮2座等武装。对比来看，当时日本海军的扶桑级铁甲舰常备排水量为3717吨，装设240毫米单装炮4座等武装，处于绝对的劣势。

为此，日本计划建造装设能对抗"定远""镇远"战舰的"富士"号战列舰。"富士"号战列舰于1894年动工，1897年竣工。

基本参数

舰长	125.5米
舰宽	22.4米
吃水	8米
排水量	12533吨
航速	18节
舰员编制	637人
动力系统	2台往复式引擎蒸汽机

■ 作战性能

武器装备：主炮为2座双联装305毫米炮，副炮为10门152毫米炮、20门3磅炮和4门2.5磅炮。

装甲厚度：侧装甲厚370毫米，倾角6度，上部装甲带厚150毫米，主炮塔面板400毫米、基座350毫米，司令塔370毫米。

知识链接 >>

日俄战争时，"富士"号战列舰被编入第一舰队第一战队。1912年8月28日，"富士"号被列为一等海防舰，作为练习舰使用。此后，其又被拆除了武器装备成为运输舰，同年12月1日被列为练习特务舰，而后被系泊于横须贺军港吉仓码头，作为海军航海学校的校舍。1945年7月18日，"富士"号被美军击中起火，搁沉于码头边。1945年11月30日，"富士"号除役，1948年在浦贺船坞解体。

▲ "富士"号战列舰模型

SHIKISHIMA–CLASS

敷岛级战列舰（日本）

■ 简要介绍

　　敷岛级战列舰是日本海军的"前无畏"战列舰，是为了对抗俄国而向英国购买的战列舰。敷岛级战列舰刚竣工时堪称当时世界最大的战列舰。"朝日"和"三笠"号与先前两级舰有所改进，副炮的配置与烟囱的数量均不同。本级舰 4 艘均参加了日俄战争，与富士级的 2 艘一起组成了第一舰队第一战队，作为日本海军的主力活跃在战场上。

■ 研制历程

　　19 世纪末，日本开始加强军事力量准备与他国进一步较量。1896 年春，日本公布了十年海军建造的大计，计划配备以战列舰 6 艘、装甲巡洋舰 6 艘为核心的"六六舰队"，其中包括向英国购买 4 艘战列舰，于是诞生了敷岛级的"敷岛"号、"初濑"号、"朝日"号和"三笠"号。

　　首舰"敷岛"号于 1897 年 3 月 29 日在英国泰晤士铁工所动工，1898 年 11 月 1 日下水，1900 年 1 月 16 日竣工。4 号舰"三笠"号于 1899 年 1 月 24 日在英国维克斯公司巴罗因弗内斯船厂动工，1900 年 11 月 8 日下水，1902 年 3 月 1 日服役。

基本参数	
舰长	133.5米
舰宽	23.1米
吃水	8.29米
排水量	14850吨
航速	18节
续航力	5000海里 / 10节
舰员编制	836名
动力系统	4台4缸立式三胀式蒸汽机 25台水管锅炉

▲ 作战中的敷岛级战列舰

■ 作战性能

　　敷岛级战列舰是当时世界上最强大的战列舰，主副炮的口径均与富士级战列舰相同，为305毫米40倍径主炮和152毫米40倍径副炮，速度18节，比富士级战列舰略有下降。"敷岛""朝日""初濑"3艘舰使用的是哈维钢，因为防御力强化，所以装甲厚度只有富士级的一半。4号舰"三笠"号使用了克虏伯硬化钢装甲，与其他3艘相比，防御更为强化。"敷岛"和"初濑"几乎一模一样，烟囱数等相似很难分辨，前部锚床部分的形状有微小不同。

▲ 作为纪念舰系泊在横须贺三笠公园的"三笠"号

知识链接 >>

　　"敷岛"号参加了日俄战争。日俄战争结束，它仍然担任常备舰队主力。一战期间，"敷岛"号在日本海域中服役，显示出老态。1926年，"敷岛"号在海军名单上被正式除名，但是停泊在佐世保作为流动营房和训练中心。"敷岛"号在太平洋战争爆发以后仍然停泊在佐世保。"敷岛"号逃脱了美军空袭，但是20年未用自己的动力移动过。1947年，"敷岛"号在佐世保海军工厂被拆解。

SATSUMA-CLASS

萨摩级战列舰（日本）

■ 简要介绍

　　萨摩级战列舰是日本海军的一级战列舰。此级舰为日本最初的国产战列舰。它是以当时被视为最强大的战列舰"纳尔逊勋爵"号为目标而设计的。日本能独自设计、建造战列舰一事令西方列强甚感吃惊，据说在日本的外国人当时还就萨摩级战列舰能不能平安下水打了赌。然而，萨摩级仍旧因为领先其他国家采用涡轮主机而震惊西方。本级两舰之间存在不少差异，但基本上仍为同型。

■ 研制历程

　　日俄战争爆发后，日本海军急需主力战舰，于是萨摩级2艘战列舰同时在1904年开始设计。

　　本级舰共2艘，分别是"萨摩"号、"安艺"号。首舰"萨摩"号于1905年5月15日在横须贺海军工厂开工，1906年11月15日下水，1910年3月25日竣工。2号舰"安艺"号于1906年3月15日在吴海军工厂开工，1907年4月15日下水，1911年3月11日竣工。一战后的1923年9月20日，根据《华盛顿海军条约》，2艘本级战列舰同时被除籍。

基本参数	
舰长	250米
舰宽	33米
吃水	10米
排水量	19372吨（标准） 20100吨（满载）
航速	18.25节
动力系统	2台立式三胀式往复式蒸汽机 20台燃煤锅炉

▲ 萨摩级战列舰

■ 作战性能

　　"萨摩"号安装了2座双联装305毫米口径主炮，6座双联装254毫米口径副炮，12座单装120毫米口径速射炮，4座单装76毫米40倍径速射炮及4座单装76毫米28倍径速射炮。

　　"安艺"号安装了2座双联装305毫米口径主炮，6座双联装254毫米口径副炮，8座单装152毫米口径速射炮，8座单装76毫米40倍径速射炮及4座单装76毫米28倍径速射炮。

　　两舰都安装了5具457毫米口径鱼雷发射管。

知识链接 >>

　　"萨摩"号竣工后成为常备舰队主力，一战时是第一舰队主力，参与了封锁胶州湾行动。之后日本应英国要求编成南遣编队，"萨摩"号为第二南遣支队旗舰，与巡洋舰"平户"号一起参加了太平洋的作战行动。"萨摩"号于1923年9月20日被除籍，1924年9月2日成为"日向"号和"金刚"号的实弹射击靶舰，被击沉。

KAWACHI-CLASS
河内级战列舰 （日本）

■ 简要介绍

河内级战列舰是日本海军的战列舰舰级之一，是日本海军在一战前竣工的唯一弩级战列舰舰级。河内级战列舰是日本海军第一级无畏舰，名留造船史。此舰之前的萨摩级虽然是日本国产的第一级战列舰，但因为无畏舰出现而迅速过时。为了与无畏舰抗衡，日本紧急建造了河内级战列舰。河内级战列舰整体沿袭了日本海军前无畏舰的一些形制特征。

■ 研制历程

1907年，日本内阁会议批准建造2艘战列舰，基本计划编号为"A-30"，"河内"舰代号是"伊号战舰"，"摄津"舰代号为"吕号战舰"。

"河内"号于1909年4月1日在横须贺海军工厂开工，1910年10月15日下水，1912年3月31日竣工服役。

"摄津"号于1909年1月18日在吴海军工厂开工，1911年3月30日下水，1912年7月1日竣工服役。

基本参数	
舰长	160.3米
舰宽	25.6米
吃水	8.2米
排水量	20800吨（标准）
航速	20节
动力系统	16台混烧锅炉 2台涡轮主机

▲ 河内级战列舰左侧视图

■ 作战性能

　　河内级战列舰舰体艏艉中心线各 1 座双联炮塔，左右两舷各 2 座双联炮塔，可以保证每舷有 8 门主炮同时开火，虽然该级舰因搭载 305 毫米口径主炮而被称为 "日本的第一级无畏舰"，但实际上搭载的是 45 倍径的 MK X 型和 50 倍径的 MK XI 型两种身管长度不同的 305 毫米主炮，副炮为 10 门 152 毫米 45 倍径炮，16 门 120 毫米速射炮。

　　装甲厚度方面，主装甲带 305 毫米，主炮塔 203 毫米 ~ 356 毫米，炮座 279 毫米，司令塔 254 毫米，甲板 76 毫米。其他的装备包括对鱼雷艇用的 1908 年型 120 毫米 40 倍径炮 12 门、76 毫米 40 倍径炮单装炮 16 门、450 毫米口径水下鱼雷发射管 5 具。

知识链接 >>

　　1918 年 7 月，"河内" 号战列舰为前往九州方面演习，与旗舰 "山城" 号自横须贺出港。11 日夜，"河内" 号抵达山口县德山湾停泊，12 日黎明，进行出港准备，但是因天气恶劣而取消行动。12 日下午 15 时 51 分，"河内" 号前部右舷主炮火药库先是出现小爆炸声，接着发生大爆炸，随后沉没。

▲ 河内级战列舰右侧视图

KONGO-CLASS

金刚级战列舰（日本）

■ 简要介绍

　　金刚级战列舰是 20 世纪初日本海军建造的一型战列舰。日本海军在 1904—1905 年的日俄战争中获胜，随后日本把美国作为假想敌。其间，英国划时代的无畏级战列舰的出现，使日本觉得也有必要建造无畏级战列舰。20 世纪初，日本海军开始组建"八八舰队"，向内阁提交了扩充海军军备的提案。1911 年 3 月，内阁通过了海军的提案，决定拨款建造 4 艘金刚级战列舰。

■ 研制历程

　　金刚级战列舰共建造 4 艘，按照日本海军命名惯例，名字源自山名，分别为"金刚"号、"比睿"号、"榛名"号、"雾岛"号。首舰"金刚"号于 1911 年 1 月 17 日在英国开工建造，1913 年 8 月 16 日完工。1913 年 11 月 5 日，由日本人负责驾驶"金刚"号战列舰返回日本。

　　接下来的 3 艘舰根据英国维克斯公司提供的图纸在日本本土自行建造，由横须贺海军工厂、川崎造船厂和三菱造船厂分别负责建造。3 艘舰于 1915 年 4 月前全部建成。1913 年，"金刚"号编入第一战队，"比睿"号、"榛名"号、"雾岛"号编入第二战队。

基本参数	
舰长	214.6米~222米
舰宽	28米~31.7米
吃水	8.38米~9.6米
排水量	26610吨~31720吨（标准）
航速	27.5节（改装前） 30节（改装后）
续航力	8000海里 / 14节（改装前） 9800海里 / 18节（改装后）
舰员编制	1118人~1221人
动力系统	36台油煤混烧锅炉（改装前） 8台重油专烧锅炉（改装后）

▲ 金刚级战列舰右侧视图

■ 作战性能

金刚级战列舰是日本海军最先装备 356 毫米大口径主炮的主力舰，舰上配备 8 门由日本委托维克斯公司研制的 356 毫米口径主炮，该炮后来被日本引进在国内制造。双联装主炮塔全部沿舰体中心线向艏、艉方向各布置 2 座。

金刚级战列舰的防御装甲水平与同期英国海军战列巡洋舰相当。自 1923 年开始金刚级陆续在前桅设立用于观测、指挥的桅楼设施，在 1 号烟囱安装了防止排烟倒灌舰桥的防护罩，提高了主炮仰角。金刚级舰的第二次大改装工程于 1933 年 8 月开始，至 1936 年结束。两次改装使其作战性能大幅提高。

知识链接 >>

太平洋战争爆发后，从舰龄、装备等方面看，金刚级战列舰是日本海军中最老式的主力舰。其参加了日本海军在太平洋战争期间的大多数大规模海战。该级舰全部在二战太平洋战争中战沉。

▲ 金刚级战列舰左侧视图

FUSO–CLASS
扶桑级战列舰（日本）

■ 简要介绍

扶桑级战列舰是 20 世纪初日本海军建造的日本第一型"超无畏"战列舰。扶桑级战列舰是日本"八八舰队"计划的一部分，搭配战列巡洋舰用以争夺制海权。此级舰的设计参考了金刚级战列舰。扶桑级战列舰是具有飞剪式舰艏外观、长船艏楼，总吨位达 29465 吨，主武器采用 6 个双联装 356 毫米口径主炮炮塔，航速达到 23 节，是当时世界上排水量最大、速度最快的战列舰。

■ 研制历程

扶桑级战列舰原计划建造 4 艘，最后只完成了"扶桑"号、"山城"号，其余两艘因预算不足被临时搁置。扶桑级设计者为近藤基树。本级舰 2 艘，"扶桑"号于 1912 年 3 月开工，1915 年 11 月完工服役。2 号舰"山城"号于 1913 年 11 月动工，到 1917 年 3 月完工服役。

扶桑级在服役初期一直在改装修正，直到 1923 年第一次大改装，为该级舰首次有计划性地全盘改良；第二次改装在 1930—1935 年，该次改造同样也是自动力、防护、火力等全盘更新。

基本参数	
舰长	205.13米
舰宽	28.65米
吃水	8.69米
排水量	29326吨（标准） 30600吨（满载）
航速	22.5节
续航力	8000海里 / 14节
舰员编制	1193人
动力系统	24台煤油混烧锅炉 2台蒸汽轮机

▲ "山城"号的前主炮

作战性能

扶桑级战列舰的武器装备为6门双联装四一式356毫米45倍径主炮，12门单装四一式152毫米50倍径副炮，4门单装76毫米40倍径高射炮，6具单装533毫米鱼雷发射管。装甲厚度方面，侧舷装甲305毫米、甲板64毫米、主炮塔280毫米、司令塔305毫米。

扶桑级的设计缺陷令其在服役过程中不得不实施多次改造，但基本布局不变使得改良效果有限，在二战爆发时扶桑级整体技术已属过时，其装甲薄弱是最致命的弱点。

知识链接 >>

1944年10月莱特湾海战中，"扶桑"号、"山城"号被编入西村舰队。10月25日凌晨，在执行任务时，西村舰队穿过苏里高海峡，迎面遭遇美军舰队，"扶桑"号受鱼雷攻击击沉没，"山城"号随后在与美军战列舰的炮战中被击沉。

▲ "山城"号第一次大改装后，在炮塔增设跑道，可以供飞机起飞

ISE-CLASS
伊势级战列舰（日本）

■ 简要介绍

伊势级战列舰是日本海军隶下的"超无畏"战列舰。本级舰以扶桑级战列舰的第3、4号舰预算编列建造，在设计上也可以视为扶桑级的改进型。伊势级战列舰是日本海军史上改装次数较多的军舰，这使得本级舰在外形上跟服役之初有很大的差别，战斗力有了较大的提高，也成为日本海军史上第一艘装备雷达设施的战列舰。

■ 研制历程

1912年12月，日本政府决定补充1913年度军备费，再造3艘超无畏级战列舰。但是由于之前预算的延迟，所以本属扶桑级的3、4号舰的开工时间被大幅延迟。日德兰海战对以后军舰设计带来了极大的影响，于是趁着预算尚未通过，3、4号舰的设计被大幅修改，伊势级战列舰由此诞生。

1917年12月1日和1918年4月30日，"伊势"号、"日向"号分别完工，被编入日本联合舰队第一舰队第一战队。服役后，它们分别在1923年、1927年、1932年、1935年、1942年进行了数次现代化改装。

基本参数	
舰长	219.62米
舰宽	31.71米
吃水	9.03米
排水量	35350吨（标准） 38662吨（满载）
航速	25.31节
续航力	9500海里 / 16节
舰员编制	1434名

▲ 伊势级战列舰俯视图

■ 作战性能

伊势级战列舰在火力上与扶桑级相当，同样是具备356毫米45倍径炮12门，但在炮群配置方式上改为与美国海军怀俄明级战列舰相似的三群背负式。

副炮的配置上也跟扶桑级不同，扶桑级单舷8门的单装副炮是沿着舰舷从舰艏一直布置到舰艉，伊势级则因为最上甲板只延伸到第二炮群，所以副炮都集中在第一炮群到第二炮群间的区域，第二炮群后即无副炮炮位。

防御力上的改进，包括主炮塔前盾、炮塔环、防御甲板增厚、水下防御改善、纵隔水壁以及防水区间增加等。

▲ 伊势级战列舰右侧视图

知识链接 >>

1942年6月中途岛海战，日本联合舰队遭到美国航空母舰舰载机的沉重打击，南云航空舰队全军覆没，损失4艘精锐航空母舰；为了急速补充损失的舰队航空兵力，决定将伊势级改装成航空母舰，拆除舰艉主炮群，保留了8门主炮，在后部主炮群拆去所产生的空间上搭载机库和飞行甲板，这使得1943年完工的伊势级成为世界各国海军中史无前例的舰种——航空战列舰。

NAGATO-CLASS
长门级战列舰（日本）

■ 简要介绍

    长门级战列舰是日本海军建造的一级战列舰。首舰"长门"号是世界上第一艘拥有410毫米口径主炮的战列舰，航速达到了世界最快的26.5节。作为当时世界最大、最强的战列舰，长门级是日本国民崇拜的"图腾"。之前建造的日本战列舰多基于英国的设计蓝图，长门级战列舰摆脱了英式战列舰的影响。完全由日本自行设计的长门级战列舰被视为"第一型纯日本血统的战列舰"。

■ 研制历程

    长门级战列舰是日本海军原来的"八八舰队"计划中的1号舰。长门级共建造"长门"号和"陆奥"号2艘。"长门"号于1916年完成初始设计，由平贺让博士主持修改设计方案。

    首舰"长门"号战列舰于1917年8月28日在广岛县的吴海军工厂开工，1919年11月9日下水，1920年11月25日完工交舰。2号舰"陆奥"号战列舰于1918年6月1日在横须贺海军工厂开工，1920年5月31日下水，1921年10月24日完工。

基本参数	
舰长	224.9米
舰宽	34.59米
吃水	9.5米
排水量	39120吨（标准） 42850吨（满载）
航速	25.3节
舰员编制	1333人
动力系统	10台燃油专烧锅炉 4台蒸汽轮机

▲ "长门"号战列舰在海战中

长门级战列舰航速超过 26 节，是当时航行速度最快的战列舰，也是世界上最早装备 410 毫米口径舰炮的一批战列舰，前后弹药库、主炮塔天顶盖等部位装甲也有加厚。鉴于日德兰海战中远距离炮战的教训，长门级战列舰主炮仰角由 15 度增加到 30 度。1930 年前后，"陆奥"号 2 号、3 号主炮塔换装 10 米测距仪，拆除 2 座 140 毫米口径炮，增加 4 座双联装 127 毫米 40 倍径炮和 20 门 25 毫米口径机炮，同时增加了主炮和副炮的最大仰角，拆除了鱼雷发射管。

知识链接 >>

在太平洋战争中，长门级两舰与大和级两舰同作为最后决战的主力舰而被谨慎使用。由于长期驻泊广岛湾的柱岛锚地待命，这些舰被频繁出击的航空母舰战队的军官讽刺为"柱岛舰队"。"长门"号舰保存到战后，被美军俘获并在美国的核试验中，作为核效应靶舰被炸沉。

▲ "长门"号战列舰

YAMATO
"大和"号战列舰（日本）

■ 简要介绍

　　"大和"号战列舰是二战中日本海军建造的大和级战列舰首舰，曾号称"世界第一战列舰""日本的救星"。"大和"号战列舰威力虽大，但生不逢时，当时战列舰的主力舰地位正被航空母舰所取代，并且日本海军将其当作最后决战的王牌很少出战，导致其缺乏战斗经验，最后沉没。"大和"号战列舰的沉没宣告了日本海军的覆灭，也宣告了大舰巨炮时代的结束。

■ 研制历程

　　1934 年 10 月，日本海军军令部对海军舰政本部正式下达了新式战列舰的设计任务，新舰由舰政本部第四部福田启二大佐负责整体设计，由平贺让负责技术指导。1935 年 3 月 10 日至 1936 年 7 月 20 日，设计者先后提出 23 个设计方案，最终被选用的还是最初的 A-140 方案。

　　"大和"号于 1937 年 11 月 4 日开始在吴海军工厂动工建造；1940 年 8 月 8 日下水；1941 年 12 月 16 日，正式竣工服役，被编入日本联合舰队。

基本参数	
舰长	263米
舰宽	38.9米
吃水	10.86米
排水量	64000吨（标准） 72808吨（满载）
航速	27节
续航力	7200海里 / 16节
舰员编制	2300人
动力系统	12台锅炉 4台蒸汽轮机

▲ 在莱特湾上空俯瞰"大和"号

■ 作战性能

"大和"号战列舰以其巨型主炮闻名于世。其主炮为三联装九四式 460 毫米 45 倍径舰炮，三联装主炮塔 3 座。当时日本海军对主炮口径保密，称为九四式 400 毫米 45 倍径舰炮，实际是 460 毫米口径；炮身重 165 吨，1 座炮塔内 3 门火炮总重为 1720 吨。"大和"号能搭载 2 架零式水上观测机和 3 架零式水上侦察机。

装甲防护上，"大和"号是整个战列舰史上最为厚重的一艘。不仅如此，该舰的装甲带还具有良好的防弹外形，其舷侧 410 毫米装甲呈 20 度倾角（向内侧倾斜），甲板边缘处的 230 毫米装甲也带有 7 度的倾角，大大提高了"大和"号装甲的抗弹性。

▲ 被美军航空队轰炸的"大和"号

知识链接 >>

1942—1944 年，"大和"号大部分时间都在训练、支援和执行运输任务。1945 年 4 月 7 日凌晨，美国潜艇在日本九州岛西南海面发现了以"大和"号为旗舰的第二舰队 10 艘军舰，随即美国海军 58 特混编队对其展开猛烈攻击，"大和"号被命中鱼雷 10 枚，炸弹 24 枚，于 14 时 23 分大幅左倾，因前部弹药库爆炸而沉没。

MUSASHI

"武藏"号战列舰（日本）

■ 简要介绍

　　"武藏"号战列舰是二战期间日本海军建造的大和级战列舰的 2 号舰。其舰艏的最大特点是呈球形，这种球状舰艏借鉴 1935 年法国建造的 8 万吨级高速邮轮"诺曼底"号。建成后，经过试航证明了这种舰艏具有明显的优越性。1944 年 10 月 24 日，"武藏"号被美军击沉于菲律宾锡布延海。

■ 研制历程

　　1938 年 3 月 29 日，"武藏"号建设开工，1940 年 11 月 1 日下水。在建造过程中，其汲取了"大和"号在建造过程中的经验，设备等得到了很大的改善。但是与在船坞中建造的"大和"号不一样的是，在船台上建造的"武藏"号必须经过"从船台到海面"下水的步骤。为了减轻重量，需要在下水后安装舷侧等主要防御区域的装甲。该型舰的建造因为战争而加快了速度，本来预定于 1942 年 12 月完工，结果提前到 1942 年 8 月 5 日完工。

基本参数	
舰长	263米
舰宽	38.9米
吃水	10.86米
排水量	64000吨（标准） 72809吨（满载）
航速	27节
续航力	7200海里 / 16节
舰员编制	2300人
动力系统	12台锅炉 4台蒸汽轮机

▲ "武藏"号战列舰在莱特湾战役中

■ 作战性能

　　"武藏"号主炮为三联装九四式 460 毫米 45 倍径舰炮，三联装主炮塔 3 座；副炮采用从最上级重巡洋舰改装时拆下来的 155 毫米 60 倍径舰炮 12 门（4 座三联装）。"武藏"号能搭载 2 架零式水上观测机和 3 架零式水上侦察机。该舰的装甲带具有良好的防弹外形。其装甲能够承受自身 460 毫米口径主炮在 20000 米～30000 米距离上的打击，中甲板还能抵御从 3900 米高度投下的 800 千克重航空炸弹。

▲ "武藏"号舰员合影

知识链接 >>

　　1944 年 6 月，"武藏"号所在的第二舰队被编入第一机动舰队，参加了马里亚纳海战，为航空母舰提供掩护。同年 10 月，"武藏"号参加了"捷一号作战"计划，由栗田健男海军中将率领第二舰队前往参加莱特湾海战，企图攻击位于莱特湾的同盟国军队登陆舰队；10 月 24 日，"武藏"号被美军航母舰载机发现，随后遭到美军水上、水下的立体式攻击而沉没。

BRETAGNE-CLASS
布列塔尼级战列舰（法国）

■ 简要介绍

布列塔尼级战列舰是法国海军建造的一级战列舰，用以替代前无畏级时代的法国"卡诺"号战列舰、"查理·马特"号战列舰与"自由"号战列舰。早在1909年法国海军开工建造的科尔贝级战列舰已经落后于同时代海军列强建造的无畏型战列舰，为了短时间内弥补法国战列舰火力上的差距，沿用科尔贝级战列舰的舰体和相同动力系统，最大变化就是用10门双联装340毫米口径主炮代替科尔贝级的305毫米口径主炮，艏部减少1座主炮塔，5座主炮塔全部沿舰体纵向中轴线布置。

■ 研制历程

1912年，法国海军开始布列塔尼级战列舰项目，同级舰3艘为"布列塔尼"号、"洛林"号、"普罗旺斯"号，均以法国行省命名。它们都在一战时期建成服役。

1932—1935年布列塔尼级战列舰进行现代化改装，更换功率为31626.7千瓦的新型蒸汽轮机，航速提高到20节，改造主桅和舰桥，拆除了8门138毫米口径副炮和鱼雷发射管。

基本参数	
舰长	165.8米
舰宽	27米
吃水	8.9米~9.8米
排水量	23230吨（标准） 27340吨（满载）
航速	20节
续航力	2800海里／13节 4700海里／10节
舰员编制	977人~1130人
动力系统	4轴帕森斯涡轮机 18~24台锅炉，29000马力

▲ 布列塔尼级战列舰左侧视图

■ 作战性能

武器装备：10 门双联装 340 毫米 45 倍径主炮；22 门 138 毫米 55 倍径副炮；4 门 47 毫米口径高射炮（1922 年加装 7 门 100 毫米高射炮、1928 年加装 2 门 45 毫米高射炮），4 具 450 毫米鱼雷发射管（后拆除）。

装甲厚度：装甲带 178 毫米～262 毫米；主甲板 25 毫米；炮塔（正面）254 毫米；司令塔 315 毫米。

知识链接 >>

1940 年 7 月 3 日，在米尔斯克比尔港，"布列塔尼"号被英国皇家海军"H 舰队"击沉，"普罗旺斯"号被重创搁浅。"普罗旺斯"号为避免被德军俘获，在土伦港自沉，1943 年 7 月被德军打捞起来，1944 年作为阻塞船再度被凿沉。1940 年 7 月，"洛林"号在亚历山大港被英国军队解除武装，后参加了同盟国军队对马赛港的登陆作战，1954 年被拆毁。

▲ 布列塔尼级战列舰右侧视图

DUNKERQUE-CLASS

敦刻尔克级战列舰（法国）

■ 简要介绍

敦刻尔克级战列舰是 20 世纪 30 年代法国建造的一型战列舰，是世界上第一批载有飞机的主力战舰。本级舰的设计有许多创新之处，处于当时世界的领先地位。在二战初期，敦刻尔克级战列舰是法国海军与德国海军对峙的主力战舰。然而，该级舰并未取得重大战果，最后竟自沉解体。

■ 研制历程

20 世纪初，法国海军舰艇性能委员会召开会议，批准了新战列舰的建造，并命名首舰为"敦刻尔克"号。但是，法国议会后来却又强烈反对建造新的主力舰，削减了建造资金，因此"敦刻尔克"号的建造不得不推迟。最后经过多次争辩该级舰终于获得批准。1934 年，当意大利宣布将建造 2 艘新战列舰时，法国又批准了"敦刻尔克"号的姐妹舰"斯特拉斯堡"号的建造资金。

敦刻尔克级战列舰共建造 2 艘，分别为"敦刻尔克"号、"斯特拉斯堡"号。"敦刻尔克"号于 1931 年 12 月开工，1937 年 4 月完工。"斯特拉斯堡"号于 1934 年 11 月开工，1938 年 12 月完工。

基本参数	
舰长	214米
舰宽	33米
吃水	8.6米~9.6米
排水量	26500吨（标准） 35500吨（满载）
航速	30节~31节
续航力	7850海里/15节
舰员编制	1381~1430人
动力系统	4台涡轮机

▲ 敦刻尔克级战列舰俯视图

■ 作战性能

敦刻尔克级战列舰主炮是 2 座四联装 330 毫米口径火炮，全部 2 座主炮塔布置在舰桥之前，由 2 对主炮组成 1 座四联装主炮塔，四联装主炮塔全部布置在前甲板上层建筑前的布局减小了主炮塔总重量，减少了重装甲防护区域，舰艏面对敌舰时可发挥全部主炮火力。但主炮全部前置不利于火力的发扬，向后方火力非常薄弱，火力损失概率较大，而且会导致船体重心前移，影响船型设计。其舰体舰艉部布置了四联装副炮以及舰载飞机机库。该级舰首次在设计时考虑携带飞机，以及存放飞机的机库。2 艘舰均可携带 3 架"卢瓦尔河·纽波特"130 式水上飞机。

▲ 敦刻尔克级战列舰前主炮

知识链接 >>

二战中，法国战败后，英国为了防止法国舰队被轴心国利用，对法国舰队发动攻击。1940 年 7 月，"敦刻尔克"号被英国海军重创并搁浅在港内，"斯特拉斯堡"号则躲过攻击，逃抵法国土伦港。经过抢修的"敦刻尔克"号于 1941 年 2 月返回土伦港。1942 年 11 月 27 日，"敦刻尔克"号与"斯特拉斯堡"号为避免被德军俘获，全部在土伦港内自沉，后来均被拆解。

RICHELIEU-CLASS

黎塞留级战列舰（法国）

简要介绍

黎塞留级战列舰是 20 世纪 30 年代法国建造的该国海军史上最大、最后一级战列舰。它是法国电气化程度最高的战舰，大至扬弹机的工作、射击指挥塔与炮塔的旋转、操舵系统、锅炉通风系统，小至绞盘、吊车、传真以及食物的冷藏，都离不开电力。

研制历程

黎塞留级战列舰原计划建造 4 艘，实际建成 2 艘，分别为"黎塞留"号和"让·巴尔"号。首舰"黎塞留"号于 1935 年 10 月 22 日开建，1939 年 1 月 17 日命名为"黎塞留"号。

2 号舰"让·巴尔"号于 1936 年 12 月 12 日开工，法国被德国占领后，1940 年 5 月 6 日被强制下水拖往卡萨布兰卡，法国解放后继续建造，最终于 1955 年建成，成为世界上最后一艘完工的战列舰。

基本参数	
舰长	247.8米
舰宽	33米
吃水	9.9米
排水量	38500吨（标准） 47548吨（满载）
航速	30节
续航力	8250海里 / 20节 3450海里 / 30节
舰员编制	1550人~1670人
动力系统	4台涡轮机

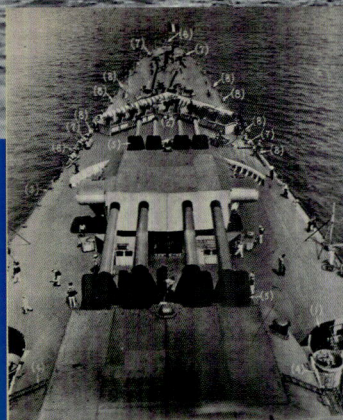

▲ "黎塞留"号主炮炮塔与防空用机炮

■ 作战性能

　　黎塞留级战列舰上安装了 1935 型 380 毫米口径火炮 8 门。法国之所以在新战列舰上采用 2 座四联炮塔前置的布局，一是因为纳尔逊级战列舰主炮前置缩短装甲给法国人带来灵感，二是因为法国对于四联装炮塔早已有过深入研究。当然，更主要的原因来自《华盛顿海军条约》的限制。在总吨位和单舰吨位受严格限制的情况下，最大限度地通过优化设计提升战斗力无疑是最好的选择。而 2 座四联炮塔前置的布局，正可以在最大程度上同时缩短装甲带，在限定吨位下达到进攻与防御的平衡。

▲ "黎塞留"号的后甲板武器配置

知识链接 >>

　　黎塞留级 2 号舰 "让·巴尔"号撤退到德军控制的卡萨布兰卡后，在同盟国军队 "火炬"登陆作战中招致美国 "马萨诸塞"号战列舰和美国轰炸机的攻击，舰体严重损坏。"让·巴尔"号于 1969 年退役，在土伦港作为舰员训练舰使用，1970 年解体。

CONTE DI CAVOUR-CLASS

加富尔伯爵级战列舰（意大利）

■ 简要介绍

　　加富尔伯爵级战列舰是意大利海军隶下的一级战列舰。一战前夕，意大利造舰计划主要针对潜在的对手——法国海军。该级3艘舰建成后经过一战战火的洗礼。1932年，法国海军确定建造敦刻尔克级战列舰后，意大利海军加快了对新型主力舰的设计，并着手对现役的本级舰进行现代化改装。改装后的该级舰面貌一新，成为能与当时法国海军敦刻尔克级对抗的高速战列舰。

■ 研制历程

　　加富尔伯爵级首舰"加富尔伯爵"号于1910年8月10日在拉斯佩齐亚船厂开工，1915年4月1日完工。

　　2号舰"朱利奥·凯撒"号于1910年6月24日在热那亚的奥德罗船厂开工，1911年10月15日下水，1914年5月14日完工。

　　3号舰"达·芬奇"号于1910年7月18日在热那亚的奥德罗船厂开工，1913年5月17日完工。1916年8月，该舰在装载弹药的过程中发生爆炸而沉于塔兰托港，1919年被打捞起来准备对其进行维修和改装，后因缺乏资金于1923年被意大利拆解。

基本参数	
舰长	186.4米
舰宽	28米
吃水	10.36米
排水量	23619吨（标准） 29100吨（满载）
航速	28节
续航力	3100海里/20节 4800海里/10节
舰员编制	1236人
动力系统	蒸汽轮机

▲ 加富尔伯爵级战列舰左侧视图

■ 作战性能

　　加富尔伯爵级战列舰最初装备 13 门 305 毫米口径主炮，炮塔采用双联装和三联装；艏楼中安装炮廓式副炮。该级舰于 1933—1937 年间进行了大规模的现代化改装，舰身延长 10.3 米，舰体增设水平装甲，两舷水线下新设"普列塞"式水下防御结构，副炮炮塔化，烟囱、桅杆与舰桥重新布置。由于没有时间研制新的主炮，加富尔级改装的 320 毫米口径主炮是用原装备的 305 毫米口径主炮镗铣而成的。

▲ 加富尔伯爵级战列舰右侧视图

知识链接 >>

　　1940 年 7 月 9 日，在斯提洛角海战中，加富尔伯爵级"朱利奥·凯撒"号被英国海军"厌战"号战列舰击伤。1941 年 1 月，其在那不勒斯被英国飞机炸伤。意大利投降时，"朱利奥·凯撒"号被同盟国军队扣留。二战结束后，该舰作为战争赔偿被移交给苏联，改名为"新罗西斯克"号，1955 年 10 月 29 日在塞瓦斯托波尔港内驻泊时发生爆炸沉没，1957 年被取消舰籍。

VENETO-CLASS
维内托级战列舰（意大利）

■ 简要介绍

维内托级战列舰是二战前意大利建造的一型战列舰，该级舰也被称为利托里奥级战列舰。维内托级在意大利战列舰系列中，是攻击力和防御力相对比较平衡的一级，装甲防御和水下防御体系完全独立，在设计上前卫且符合意大利海军特点和需求，是充分体现了意大利海军在地中海作战意图的主力舰。

■ 研制历程

1933 年年底，意大利海军提出了战列舰的新的技术要求，新式战列舰的全部设计工作由意大利海军工程监察长乌蒙贝托·普列赛总负责。1935 年 6 月 21 日，全部设计工作完成。

维内托级战列舰首批建造 2 艘，分别是"维内托"号、"利托里奥"号。1937 年法、意、英关系紧张后，意大利决定追加 2 艘改进型"罗马"号和"帝国"号。3 号舰"罗马"号于 1938 年开工，1942 年 6 月竣工，不久即被敌方炸沉。4 号舰"帝国"号于 1938 年开工，但未完工。

基本参数	
舰长	237.7米~240.1米
舰宽	32.9米
吃水	9.6米~10.44米
排水量	41167吨~41650吨（标准） 45752吨~46203吨（满载）
航速	30节
续航力	4700海里 / 14节 3900海里 / 20节
舰员编制	1920人
动力系统	8台锅炉 4台蒸汽轮机

▲ 维内托级战列舰右侧视图

■ 作战性能

　　维内托级战列舰的特点是航速较高（最大航速达到 30 节），以及相对有限的续航力（续航力只有 4700 海里 / 14 节）。其采用长艏楼船型，艏楼延伸到后部主炮塔，装备 380 毫米 50 倍径主炮，具有威力大的特点，最大射程达到 42.8 千米，但是炮管寿命较短、射速比较低、散布大。3 座三联装主炮炮塔 2 座在前、1 座在后。4 座三联装副炮塔分别安排在前后主炮塔两侧。维内托级战列舰在尾部装备一部弹射器，设计配备 3 架水上飞机。

▲ 维内托级战列舰俯视图

知识链接 >>

　　"维内托"号在 1941 年 3 月马塔潘角海战中被击伤，一直待在拉斯佩齐亚直到意大利投降。"利托里奥"号在英军空袭塔兰托时被 3 枚鱼雷命中，入坞修理至 1941 年 3 月，意大利投降以后改名为"意大利"号。1943 年 9 月 9 日，该舰驶往同盟国军队控制的马耳他，至撒丁岛附近海域时，被德国空军使用无线电控制的制导炸弹重创。"罗马"号被 2 颗无线电制导炸弹命中，弹药库发生爆炸，舰体断裂沉没。

GANGUT-CLASS
甘古特级战列舰（俄国）

■ 简要介绍

甘古特级战列舰是俄国海军的第一种无畏舰型战舰，俄国方面一般称为塞瓦斯托波尔级战列舰。与此前的战列舰相比，该级舰是一个巨大的进步。它是苏联海军从俄国海军继承的唯一一级战列舰，在相当长时间里也是苏联海军唯一的战列舰，直到 20 世纪 50 年代最终被拆毁，没有任何战列舰来替代它们。甘古特级成为苏联海军历史上第一级也是最后一级战列舰，同时也是唯一的战列舰。

■ 研制历程

日俄战争之后，俄国海军面临战列舰极度短缺的窘境。1906 年，在设计和性能上有着革命性突破的英国"无畏"号战列舰问世，它让沙俄舰队仅剩的几艘战列舰也迅速过时。不甘人后的俄国海军打算建造 4 艘"无畏"型战列舰。

新型战列舰的建造于 1909 年开始，由于俄国造船厂本身效率低下，加上正在建造的又是一种全新的战舰，新型战列舰的建造困难丛生，进度很慢，第一艘服役的"塞瓦斯托波尔"号于 1914 年加入海军作战序列，其余 3 艘也在当年 12 月陆续服役。

基本参数	
舰长	181.2米
舰宽	26米
吃水	8.4米
排水量	23400吨（标准） 25850吨（满载）
航速	24.6节
续航力	5000海里 / 10节 900海里 / 23节
动力系统	25台锅炉 4台蒸汽机

▲ 1912 年，在金钟造船厂装备的甘古特级战列舰"波尔塔瓦"号

武器装备：主炮 4 座三联装 305 毫米 52 倍径炮；副炮 16 门 120 毫米 50 倍径炮廓炮；高射武器 2 门 76 毫米口径高炮，4 门 47 毫米口径高炮（6 门 45 毫米口径高炮），8 挺高射机枪（二战期间在炮塔顶部加装了 6 门 76 毫米口径高炮），4 具 457 毫米鱼雷发射管（水下）。

装甲厚度：主装甲带 170 毫米~227 毫米，舰艏 127 毫米，舰艉 102 毫米；内装甲带艏炮塔与艉炮塔之间 76 毫米~102 毫米，舷内装甲 279 毫米；甲板 76 毫米（36 毫米附加装甲）；炮塔 254 毫米~305 毫米，炮廓 127 毫米；指挥塔 254 毫米。

知识链接 >>

十月革命后，后建造的玛丽亚皇后级战列舰或已沉没，或被掠往国外，而之前建造的甘古特级反而继续留在苏联海军中，服役了一个又一个十年，直到 20 世纪 50 年代最终被拆毁，没有任何战列舰来替代它们。

▲ 甘古特级战列舰前主炮

QUEEN MARIA-CLASS

玛丽亚皇后级战列舰（俄国）

■ 简要介绍

玛丽亚皇后级战列舰是俄国海军建造的战列舰，是在甘古特级战列舰的基础上修改而成的。总体设计上，玛丽亚皇后级降低了航速和续航力，更多的重量分配给装甲防护和武器系统，以增强防护性能；更换新的主炮炮塔，装备和甘古特级一样的主炮，外形布局相同，仅舰桥后面的2号主炮塔由指向后方改为指向前方，换装130毫米口径副炮。

■ 研制历程

1910年1月，俄国获悉土耳其试图从英国船厂订购新型无畏舰。为对抗土耳其海军的威胁，俄国通过俄黑海舰队扩军计划，为黑海舰队建造3艘战列舰。俄国海军以甘古特级战列舰为蓝本，对塞瓦斯托波尔级的设计进行简单修改，建造了3艘玛丽亚皇后级战列舰。

1911年10月30日，3艘玛丽亚皇后级战列舰同时举行了开工典礼，"玛丽亚皇后"号和"亚历山大三世"号在俄罗斯船厂建造，"叶卡捷琳娜二世"号在尼古拉耶夫船厂建造。

1913年10月19日"玛丽亚皇后"号首先下水，1914年4月15日"亚历山大三世"号下水，1914年6月6日"叶卡捷琳娜二世"号下水。

基本参数	
舰长	168米
舰宽	27.33米
吃水	8.36米
排水量	22800吨（标准） 24000吨（满载）
航速	21节
续航力	3000海里/16节
舰员编制	1192人
动力系统	20台燃煤/燃油混烧锅炉 2台蒸汽轮机

▲ 玛丽亚皇后级战列舰

■ 作战性能

玛丽亚皇后级采用与甘古特级相同的 12 门 305 毫米口径主炮，重新设计三联装主炮炮塔。玛丽亚皇后级采用了与甘古特级相同的平甲板船型，同样使用高强度钢建造。俄国海军认为玛丽亚皇后级的总体设计在黑海那样的完全封闭水域可降低航速和续航力，更多的重量可分配给装甲防护和武器系统，增强防护性能。

知识链接 >>

"玛丽亚皇后"号建成服役时，一战已经爆发。1915 年 10 月，"玛丽亚皇后"号作为掩护兵力参加炮击土耳其港口的作战行动。1916 年 1 月 8 日，"叶卡捷琳娜二世"号与土耳其的"塞利姆"号不期而遇展开炮战，"塞利姆"号倚仗速度优势迅速撤退。1916 年 10 月 20 日，"玛丽亚皇后"号因 1 号主炮塔弹药库内部爆炸而沉没。

▲ 玛丽亚皇后级战列舰

NORTH AMPTON-CLASS
北安普敦级重巡洋舰（美国）

■ 简要介绍

北安普敦级重巡洋舰是美国海军中继彭萨科拉级之后的第二种条约型重型巡洋舰。该级巡洋舰比彭萨科拉级更注重耐波性能，因此将平甲板型改为艏楼型，主炮仍然采用彭萨科拉级上装备的 203 毫米 55 倍径火炮。为了增强抗打击能力和载机数量，美国海军希望将主炮数量减少为 8 门（当时国际上惯用的设计方案），于是提出了 4 座双联装的安排方案，然而这会导致舰体过于狭长，影响结构强度。彼时，麦克布莱德海军上校提出的 3 座三联装主炮设计方案获得通过，也奠定了此后很长一段时间内，美国海军重巡比较标准的主炮配置模式。虽然经过了精心的设计和削减，北安普敦级重巡洋舰建成时仍然超过了《伦敦海军条约》对重巡洋舰 1 万吨的限定。

■ 研制历程

北安普敦级重巡洋舰于 1926 年 3 月 24 日开始设计，共建 6 艘，首舰"北安普敦"号于 1928 年 4 月 12 日由位于马萨诸塞州昆西市的伯利恒钢铁集团开工，1929 年 10 月 5 日下水，1930 年 5 月 17 日完工，1942 年 12 月 1 日战沉。

6 号舰"奥古斯塔"号于 1928 年 7 月 2 日开工，1930 年 2 月 1 日下水，1931 年 1 月 30 日完工，1959 年 3 月 1 日解体。

基本参数

基本参数	
舰长	183米
舰宽	20.1米
吃水	5.9米
排水量	9006吨（标准）
航速	32.5节
续航力	10000海里 / 15节
舰员编制	617人
动力系统	8台锅炉 4台蒸汽轮机

■ 作战性能

北安普敦级重巡洋舰在火力方面，主炮仍然采用彭萨科拉级上装备的 203 毫米 55 倍径火炮；副炮照搬彭萨科拉级的副炮，为制式的 127 毫米 25 倍径炮。在防空火力方面，因为柯尔特开发的 37 毫米口径高炮还没完成，对空防御很薄弱，开战前，该级军舰曾经加装了 28 毫米口径高射炮，以加强对空能力。相对于彭萨科拉级，由于炮塔减少而节省下来的一部分重量被用于加强军舰的防护力，使用于防护的重量达到了 1057 吨。尽管如此，主机舱和炮塔的防护仍然显得薄弱。

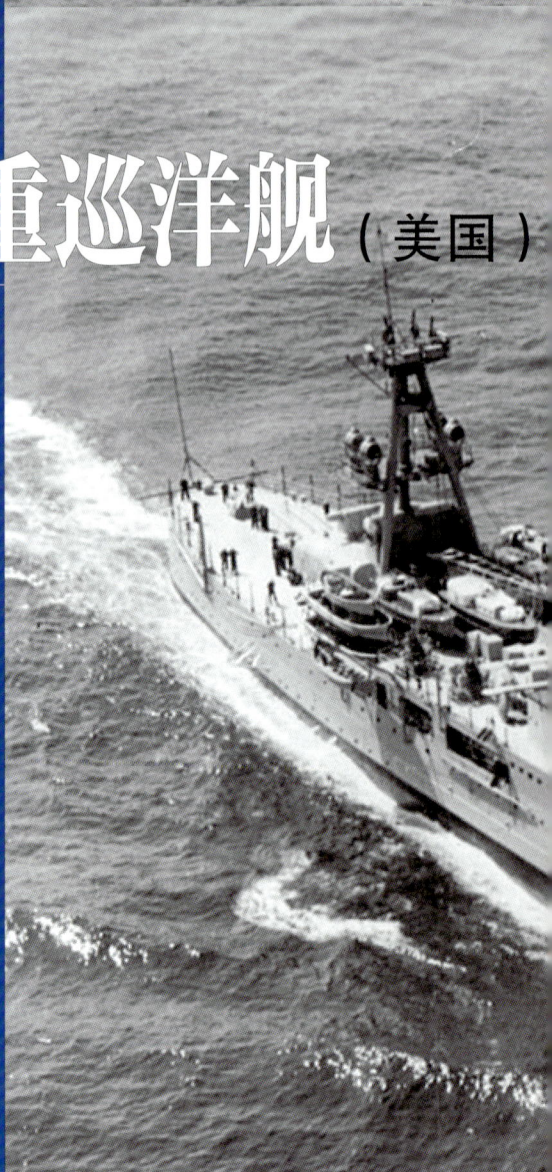

　　1942 年太平洋战争中，日美双方为争夺瓜达尔卡纳尔岛进行了 6 次较大规模的海战。其中，第五次海战（11 月 12 日至 14 日），美军 1 艘战列舰、4 艘巡洋舰或沉或伤，2 名舰队司令战死。日本 2 艘战列舰和 1 艘巡洋舰、10 艘运输船全部沉没。这次海战是瓜达尔卡纳尔战役中具有决定性意义的一场战斗，完全粉碎了日军的增援企图。

▲ 北安普敦级重巡洋舰放飞水上飞机

NEW ORLEANS-CLASS
新奥尔良级重巡洋舰（美国）

■ 简要介绍

新奥尔良级重巡洋舰是美国海军隶下的一型重巡洋舰，是美国建造的最后一级条约型巡洋舰，是所有条约型巡洋舰中性能最出色的。本级舰是巡洋舰创新技术的测试温床，它是后来所有美国巡洋舰的"直系祖先"。自新奥尔良级以后，美国海军先后研制了布鲁克林级、威奇托级、克利夫兰级以及巴尔的摩级巡洋舰。虽然新奥尔良级依然需要遵守《华盛顿海军条约》的规定，但采用了新技术，因为美国海军知道，战争爆发时，他们需要利用这类知识，打造超越条约限制的战舰。

■ 研制历程

新奥尔良级重巡洋舰是倒数第二款按照1922 年《华盛顿海军条约》规定生产的美国海军巡洋舰。新战舰的设计工作开始于1929年年初，原计划建造 8 艘，最后建成 7 艘，分别是"新奥尔良"号、"阿斯托里亚"号、"明尼阿波利斯"号、"塔斯卡卢萨"号、"旧金山"号、"昆西"号、"文森斯"号。

基本参数	
舰长	179.22米
舰宽	18.82米
吃水	6.93米
排水量	10047吨（标准） 11515吨（满载）
航速	32.7节
续航力	10000海里 / 15节
舰员编制	708人~868人
动力系统	4台涡轮机 8台锅炉

▲ 新奥尔良级重巡洋舰侧视图

■ 作战性能

　　新奥尔良级重巡洋舰的主要武器装备包括 9 门 203 毫米 55 倍径 MK14 舰炮，加装在三联装炮塔之上。二级武器装备包括 8 门 152 毫米 25 倍径双用途舰炮（能够被用于打击地面及空中目标）和 50 倍径液冷机枪，辅助 130 毫米口径舰炮。1942 年后期，瑞典 40 毫米口径"博福斯"高射炮加装在"新奥尔良"巡洋舰上，取代了效力不强的 28 毫米口径机炮。到 1945 年，受新添武器、电子和雷达装备的影响，即便是除去了许多必要性不大的东西，新奥尔良级重巡洋舰还是超重。然而，由于空中威胁过于严重，所以美国海军不得不容忍了这个缺点。

▲ 1943 年，在珍珠港的新奥尔良级重巡洋舰

知识链接 >>

　　二战期间，"阿斯托里亚"号、"昆西"号和"文森斯"号巡洋舰在萨沃岛海战中先后被击沉。余下的 4 艘巡洋舰，其中 3 艘在二战期间战绩较好。"旧金山"号巡洋舰获得了 17 枚青铜战斗勋章和 1 个总统集体嘉奖，"新奥尔良"号巡洋舰获得了 17 枚青铜战斗勋章，"明尼阿波利斯"号巡洋舰同样获得了 17 枚青铜战斗勋章。

BROOKLYN-CLASS

布鲁克林级轻巡洋舰（美国）

■ 简要介绍

布鲁克林级轻巡洋舰是 1930 年的《伦敦海军条约》的产物。根据这个补充条约，美国只可以再建造 2 艘符合《华盛顿海军条约》的重巡洋舰。为了对付日益扩张的他国海军力量，美国不得不转向建造装备 152 毫米口径主炮的轻型巡洋舰，因此促成了布鲁克林级的诞生。二战后，拥有强大火力和优越性价比的布鲁克林级成为国际军火市场上的"抢手货"，除"萨凡纳"号、"火努鲁鲁"号和被击沉的"海伦纳"号之外，全部被南美国家买去充实本国海军实力。

■ 研制历程

布鲁克林级轻巡洋舰最初的设计强调本级舰的速度和巡航性能不能低于重巡洋舰，1931 年年初最终选定排水量约 9600 吨，装备 4 座三联炮塔，装甲防护同新奥尔良级的设计方案，在 1933 年的造舰计划中通过了该方案。

布鲁克林级轻巡洋舰共建造 10 艘，其中第 7 艘"威奇塔"号在建造过程中修改为重巡洋舰。首舰"布鲁克林"号于 1935 年 3 月 12 日开工，1936 年 11 月 30 日下水，1937 年 9 月 30 日完工。末舰"海伦纳"号于 1936 年 12 月 9 日开工，1938 年 8 月 27 日下水，1939 年 9 月 18 日完工。

基本参数	
舰长	185.42米
舰宽	18.82米
吃水	6.93米
排水量	9767吨（标准） 12207吨（满载）
航速	31.5节
续航力	9000海里 / 15节
舰员编制	868人

▲ 布鲁克林级轻巡洋舰

知识链接 >>

作为美国海军的新锐轻巡洋舰，布鲁克林级颇受欢迎。不过其中的七号舰成为了新型重巡洋舰的技术实验舰，最后两艘轻巡洋舰"圣路易斯"号和"海伦纳"号做了技术调整，采取了蒸汽轮机和燃油锅炉交错配置的布局模式，在资料上错误地将其写成了圣路易斯级，实际上这两艘轻巡洋舰仍旧是属于布鲁克林级。

▲ 1943 年 9 月 11 日，支援同盟国军队部队的布鲁克林级轻巡洋舰遭到德军的轰炸

ATLANTA-CLASS
亚特兰大级轻巡洋舰（美国）

■ 简要介绍

亚特兰大级轻巡洋舰是美国海军学习英国的黛朵级防空巡洋舰而建造的，所以早期编号为 CLAA。此级有数艘舰在战时经过改良，改良后的各舰又称奥克兰级，是二战中美国唯一没有水侦航空设施的巡洋舰。此级舰的推进系统不像先前的巡洋舰那样有 4 轴，它和驱逐舰一样仅有 2 轴，但采用高温高压锅炉，最高航速为 32.5 节。

■ 研制历程

亚特兰大级共建造 4 艘，不包括改装版奥克兰级轻巡洋舰（有时奥克兰型也被认为是亚特兰大级），首舰"亚特兰大"号于 1940 年 4 月 22 日在联邦造船厂开工，1941 年 9 月 6 日下水，1941 年 12 月 24 日完工，1942 年 11 月 13 日战沉。

末舰"圣胡安"号于 1940 年 3 月 15 日开始建造，1941 年 9 月 6 日下水，1942 年 2 月 28 日完工，1962 年解体。

基本参数	
舰长	164.9 米
舰宽	16.1 米
吃水	6.25 米
排水量	6000 吨（标准） 7400 吨（满载）
航速	32.5 节
续航力	8500 海里 / 15 节
舰员编制	766 人
动力系统	4 台重油锅炉 2 台蒸汽轮机

▲ 亚特兰大级轻型巡洋舰后主炮

　　亚特兰大级轻巡洋舰主炮是 8 座 127 毫米口径双联装 MK12 高平两用炮（也是后来新造的许多战舰和巡洋舰的副炮，以及桑姆纳 / 基尔林级驱逐舰的主炮），分布在中轴线上 6 座以及左右舷各 1 座；近距防空则有 16 门 28 毫米口径炮以及 6 门 20 毫米口径机炮。为了补充对舰火力，此级左右舷各安装 1 具四联装 533 毫米口径鱼雷发射管，可发射 MK15 鱼雷。由于仍有驱逐战队旗舰的用途考虑，舰艇仍有安装深水炸弹架作为必要时的反潜武器。

▲ 亚特兰大级轻型巡洋舰 "圣地亚哥" 号

知识链接 >>

　　"亚特兰大" 号在建好后，很快就被投入了太平洋战场。1942 年春，其加装了 SC-1，以及 SG 防空雷达和 FD 射控系统以强化防空能力。其作为航空母舰特遣舰队的防空舰，很快就展现了价值。然而，防空能力强，对舰方面就会薄弱许多。因为只有很轻的装甲，"亚特兰大" 号和 "朱诺" 号在瓜岛海战中分别沉没和遭受重创（"朱诺" 号后来被潜艇击沉）。该级之后就没有更多损失了。

ALASKA-CLASS
阿拉斯加级大型巡洋舰（美国）

■ 简要介绍

阿拉斯加级大型巡洋舰是二战末期美国海军建造的大型舰队领导巡洋舰，其设计介于新型战列舰与条约型重巡洋舰之间，采用了平甲板舰型和球鼻艏，中甲板为强力甲板，具有战列舰式的指挥塔，而水上飞机机库位置却还是巡洋舰式样的。其造价比巴尔的摩级重巡洋舰高出近一倍，相当于依阿华级战列舰造价的70%。昂贵的经费，有限的用途，决定了其战后必须退役，成为一种特定条件下带有强烈实验性色彩的军舰。

■ 研制历程

1939 年 11 月，美国海军部制订了多个完全不受任何条约限制的巡洋舰计划。1940 年 1 月 23 日，Λ 型 ~ D 型 4 个初步设计完成，提交后均被否决，随后的 5 个修正案——E 型 ~ I 型舰，在经济和技术承受能力上得到肯定。美国在此基础上打造了阿拉斯加级大型巡洋舰。

阿拉斯加级大型巡洋舰计划造 6 艘，最终只建成 2 艘。首舰"阿拉斯加"号于 1941 年 12 月 17 日开工，1944 年 6 月 17 日服役，1947 年 2 月 17 日退役。2 号舰"关岛"号于 1942 年 2 月 2 日开工，1944 年 9 月 17 日服役，1947 年 2 月 17 日退役。

基本参数	
舰长	246.3米
舰宽	27.6米
吃水	9.2米
排水量	27000吨（标准） 34253吨（满载）
续航力	11350海里 / 15节
舰员编制	1517人
动力系统	4台蒸汽轮机 8台燃油锅炉

▲ 阿拉斯加级大型巡洋舰的主炮射击

阿拉斯加级装备了 3 座三联装 305 毫米口径 MK8 型主炮塔，前 2 后 1 呈背负状布局；副炮是 6 座 MK32 M4 型双联装高平两用炮塔，火炮则是大名鼎鼎的 127 毫米口径 MK12 型；装备了 2 座 MK34 型主炮射击指挥仪、2 座 MK37 副炮射击指挥仪和 8 座 MK57 型 40 毫米口径高射炮射击指挥仪；MK37 指挥仪为高平两用，被认为是二战中最好的指挥装置。阿拉斯加级防护装置全重 4796 吨，单从装甲厚度来看，比巴尔的摩级重巡洋舰厚约 50%。

▲ 1945 年 3 月 6 日，在硫黄岛战役期间，阿拉斯加级的船员装载炮弹

知识链接 >>

1945 年 2 月 10 日，"阿拉斯加"号负责"萨拉托加"号航母和"企业"号航母的防空掩护任务，参加了航母舰载机夜袭东京的行动。在美军的攻击下，日本本土的飞机疲于奔命，很少能够飞过来干扰登陆舰队。因此，"阿拉斯加"号得以利用 305 毫米口径主炮，与"北卡罗来纳"号、"华盛顿"号、"西弗吉尼亚"号等战列舰一道，向登陆部队提供了猛烈的炮火支援。

WORCESTER-CLASS
伍斯特级轻巡洋舰（美国）

■ 简要介绍

伍斯特级轻巡洋舰是美国海军最后的全舰炮型轻巡洋舰，属于舰队防空巡洋舰。该级巡洋舰使用双烟囱、平甲板外形，尽管过渡时期（条约时期）的设计还是以单烟囱为主，但这样有利于节省甲板空间以布置更多的武器，同时还能缩短装甲带长度，减轻重量。本级舰的设计同克里夫兰级拥有许多类似的地方。战后用途的有限性加上导弹科技的快速发展，致使本级舰在很早以前就退役了。

■ 研制历程

伍斯特级轻巡洋舰计划建造 4 艘，随着日本的投降，最终建成 2 艘。首舰"伍斯特"号于 1945 年 1 月 25 日在纽约海军船厂开工安放龙骨，1947 年 2 月 4 日下水，1948 年 6 月 26 日服役，1958 年 12 月 19 日退役，1970 年 12 月 1 日解体。

2 号舰"拉沃克"号于 1945 年 5 月 15 日在纽约海军造船厂安放龙骨，1947 年 6 月 16 日下水，1949 年 4 月 4 日服役，1958 年 10 月 31 日退役，1970 年 12 月 1 日解体。

基本参数	
舰长	207.1米
舰宽	21.5米
吃水	7.1米
排水量	14700吨（标准）
航速	33节
舰员编制	1470人
动力系统	4台锅炉 4台蒸汽轮机

■ 作战性能

为了跟随设计中的中途岛级大型航空母舰作战，伍斯特级轻巡洋舰最高航速达到 33 节，远远超越了同样装备有 12 门 152 毫米口径炮的克利夫兰级轻巡洋舰，仅比有"最后的重巡"之称的得梅因级小。伍斯特级装备 12 门 152 毫米口径高平两用炮，4 台 MK37 型指挥仪，12 座双联装 50 倍径 76 毫米口径炮，4 台 MK56 式指挥仪，20 毫米口径和 76 毫米口径机炮 12 门～16 门。

知识链接 >>

　　轻型巡洋舰具有多种作战能力，主要在远洋作战的大型水面上，用于海上攻防作战，掩护航空母舰编队和其他舰队编队，保卫己方或破坏敌方的海上交通线，攻击敌方舰艇、基地、港口和岸上目标；登陆作战中进行火力支援，担负海上编队指挥舰等。

　　因此按主炮口径分为重型巡洋舰和轻型巡洋舰。主炮口径在 127 毫米到 155 毫米之间的为轻型巡洋舰，155 毫米到 203 毫米之间的为重型巡洋舰。

▲ 伍斯特级轻巡洋舰前甲板主炮

得梅因级重巡洋舰（美国）

■ 简要介绍

得梅因级重巡洋舰是20世纪40年代美国建造的一型重巡洋舰，是美国海军舰艇建造史上的最后一级，也是设计最精良的一级火炮巡洋舰。它更多地沿用了巴尔的摩级的设计，但设计更为紧凑，去掉了后烟囱。根据美军在太平洋海战的经验，得梅因级强调了防空和主炮火力，在主甲板上又铺设了一层防触发引信的新甲板，扩大了弹药舱的容量。

■ 研制历程

1942年，所罗门群岛海战中，日本联合舰队的密集火力使美国海军水面舰艇损失惨重，美军认为其主要原因是己方重巡洋舰上的203毫米口径炮射速太低，限制了其在狭窄海域内的使用效能。

为了弥补这一不足，1943年春，美军开始开发一种新型的203毫米口径速射主炮。这就是MK16型203毫米55倍径速射炮。最后它被安装在全新的舰艇上，这就是得梅因级重巡洋舰。

得梅因级计划建造12艘，由于日本海军的迅速失败，最后只有3艘完工，且全部在战后才服役。

基本参数	
舰长	218.39米
舰宽	22.96米
吃水	7.92米
排水量	17250吨（标准） 20900吨（满载）
航速	33节
续航力	12000海里 / 15节
舰员编制	1799人
动力系统	2台涡轮机 4台锅炉

▲ 得梅因级重巡洋舰主炮

■ 作战性能

　　得梅因级巡洋舰装备了MK16舰炮，这是美国海军第一款采用自动装弹机的舰炮，火炮俯仰和旋转都是电力驱动，可以在任意角度装弹。主炮炮塔顶部厚102毫米，前部厚203毫米，炮塔座圈厚160毫米，司令塔厚165毫米。水线装甲带厚度为152毫米，舰体主甲板厚89毫米，上层甲板厚25.4毫米。全舰有5条装甲防护带，装甲总重为2189吨，占标排的12.6%，与巴尔的摩级重巡洋舰持平，但设计分布更合理。

▲ 得梅因级重巡洋舰"得梅因"号

知识链接 >>

　　1950年，2号舰"萨勒姆"号CA139担任了第六舰队旗舰，主要任务是拜访地中海国家的港口和参加各种演习。1959年，"萨勒姆"号退役；1974年，编入大西洋预备役舰队，一直停泊在费城。作为战舰，"萨勒姆"号可谓一生平淡至极。不过，该舰虽战绩平平，却有幸登上银幕，它在1956年的英国电影《普雷特河之战》中饰演了德国装甲舰"斯佩伯爵"号。

LONG BEACH

"长滩"号核动力导弹巡洋舰（美国

■ 简要介绍

"长滩"号巡洋舰是美国海军隶下的一艘核动力导弹巡洋舰，也是全世界第一艘核动力水面战斗舰艇，是二战之后美国新造的首艘巡洋舰、全世界第一艘配备区域防空导弹的军舰，更是全世界第一艘以区域防空导弹击落敌机的军舰。外观上最大的特色，在于其类似中世纪城堡的壮观方块形舰桥构造，使其成为美国海军最引人注意的舰艇之一。

■ 研制历程

"长滩"号原先计划作为RGM-6"狮子座"巡航导弹的发射载台，但是"狮子座"导弹被取消，又逢苏联全力发展从水面、空中、水下发射的各种大型长程反舰导弹以对付美国航空母舰，"长滩"号便改为装备区域防空导弹，作为"企业"号核动力航空母舰的护航舰。又考虑到传统动力舰艇的续航力明显跟不上航空母舰，于是美国决定建造核动力的巡洋舰。

美国海军在1956年10月19日签署"长滩"号的建造计划，1957年获得国会批准，并于同年12月2日开工安放龙骨，1959年7月14日下水，1961年9月9日正式服役。

基本参数	
舰长	219.8米
舰宽	22.3米
吃水	9.5米
排水量	14200吨（标准） 17525吨（满载）
航速	30节
舰员编制	870人
动力系统	2座核反应堆 2台蒸汽涡轮发动机

▲ "长滩"号发射RIM-2"小猎犬"中程防空导弹

■ 作战性能

　　"长滩"号的主要武器包括舰艏2具美国海军早期导弹化防空舰艇常见的MK10双臂发射器，使用射程35千米的RIM-2"小猎犬"防空导弹。"长滩"号的第一具MK10发射器拥有2个容量20枚的环形弹舱共40枚备弹；而第二具MK10发射器为MOD构型，拥有4组各装弹20枚的环形弹舱。此外，服役之初"长滩"号还在舰艉安装了一具MK12导弹发射器，弹舱容量46枚，使用RIM-8"护岛神"长程防空导弹，射程高达120千米。"长滩"号舍弃了以往巡洋舰必备的重型装甲，仅在弹药库设有一层较薄的装甲，因为可以凭借高科技侦测装备先发现敌人、以射程远的导弹先发制人。

▲ RIM-2"小猎犬"中程防空导弹

知识链接 >>

　　"长滩"号的动力核心是2座压水式反应堆，压水式反应堆也被美国首艘核动力潜艇——"鹦鹉螺"号采用。它搭配2台大型蒸汽涡轮发动机，功率58840千瓦，由双车双舵推进，航速30节。核动力舰艇的特点是可以长时间在海上航行且无须补充燃料。"长滩"号于1961年首航后，服役4年后才更换了炉心燃料棒，此时该舰已经航行将近145788海里。

LEAHY-CLASS

莱希级导弹巡洋舰（美国）

■ 简要介绍

莱希级巡洋舰是美国海军隶下的一种传统动力导弹巡洋舰，原以导弹护卫舰（DLG）编列，1975年后美国海军舰艇分类改革升级为巡洋舰（CG）。莱希级巡洋舰各舰均以美国海军将领或英雄命名，首舰"莱希"号便是以美国五星上将、美国海军作战部部长威廉·丹尼尔·莱希命名的。

■ 研制历程

美国海军为了应对喷气式战斗机与导弹时代的来临，从1950年开始建造配备防空导弹的"导弹护卫舰"来担任航空母舰战斗群的防空护卫任务。第一批导弹护卫舰是5000吨级的法拉格特级，第二批是莱希级与"班布里奇"号巡洋舰。

莱希舰共建9艘，首舰"莱希"号于1959年12月3日开工，1961年7月1日下水，1962年8月4日服役，1993年10月1日退役。9号舰"里维斯"号于1960年7月1日开工，1962年5月12日下水，1964年5月15日服役，1993年11月12日退役。

基本参数	
舰长	162.4米
舰宽	16.2米
吃水	5.9米
排水量	6070吨（标准） 8200吨（满载）
航速	32节
舰员编制	455人
动力系统	4台高压锅炉 2台蒸汽涡轮机

▲ "小猎犬"防空导弹发射器

由于当时普遍认为导弹时代的来临将使火炮走向终点，因此莱希级仅有一门 76 毫米口径舰炮。为了节省空间，莱希级的烟囱与桅杆整合为一复合结构，为美国海军之先例。莱希级的蒸汽涡轮使用铬钼和镍合金钢材制造，不仅重量较轻，而且适合在高温、高压的恶劣环境下工作，可靠性较高。莱希级的主武装为舯艉各一具的 MK10 双臂导弹发射架，可发射"小猎犬"防空导弹，弹舱装置于发射器后方突出甲板的舱房中，装填时 MK10 发射架需倾斜 15 度对齐弹舱出口，导弹就会推至发射架上，整个作业为自动化。

知识链接 >>

1985 年起，莱希级进行了新威胁提升改装工程，是首批进行 NTU 工程的舰艇，主要项目包括将 NTDS 战斗系统升级为 ACDS，以 WDS MK14 武器指挥系统取代原有的 MK11，改良 MK76 导弹火控系统与照明雷达，使用标准 SM-2ER 防空导弹，等等。

▲ 莱希级导弹巡洋舰"亚内尔"号

BAINBRIDGE

"班布里奇"号核动力导弹巡洋舰（美国）

■ 简要介绍

"班布里奇"号巡洋舰是美国海军隶下的一艘核动力导弹巡洋舰，是美国第二代核动力导弹巡洋舰，是美国继"长滩"号巡洋舰和"企业"号航母之后的第三艘核动力水面舰艇。"班布里奇"号巡洋舰属莱希级巡洋舰的核动力版本，也是世界上最小的核动力水面舰只，与核动力航母协同作战，主要用于组成特混编队，执行警戒、防空和反潜等任务。

■ 研制历程

1959 年，美国海军舰艇核动力计划取得重大进展，经国会批准，海军与伯利恒钢铁公司签订合同，按照莱希级原型换装 D2G 型核反应堆，建造一艘核动力驱逐领舰以验证水面舰只采用核动力的可行性，该舰遂被命名为"班布里奇"号。

"班布里奇"号巡洋舰于 1959 年 5 月在美国伯利恒钢铁公司开始铺设龙骨，1961 年 4 月 15 日下水，1961 年 10 月 6 日服役，1996 年 9 月 13 日退役。

■ 作战性能

"班布里奇"号巡洋舰与莱希级巡洋舰的舰型、结构、武器装备及电子系统基本一致，区别主要在于动力。舰艏艉各有一具 MK10 双臂导弹发射架，可发射"小猎犬"RIM-2 防空导弹，前后各 40 枚，弹舱装置于发射器后方突出甲板的舱房中，装填时 MK10 发射架需倾斜 15 度对齐弹舱出口，导弹就会推至发射架上，整个作业为自动化。"班布里奇"号在 1974—1976 年的现代化改装中，拆除了 2 座 76 毫米舰炮，换装了 2 座四联装 MK141 "鱼叉" AGM-84 反舰导弹发射装置，从而具备了反舰作战能力。

基本参数	
舰长	172.3米
舰宽	17.6米
吃水	7.7米
排水量	7804吨（标准） 8592吨（满载）
航速	30节~32节
舰员编制	466人
动力系统	2座核反应堆 2台蒸汽轮机

▲ "班布里奇"号

知识链接 >>

1964 年 8 月—10 月，"班布里奇"号核动力导弹巡洋舰和"长滩"号核动力导弹巡洋舰组成护航编队，与"企业"号航空母舰组成世界上第一支全核动力特混舰队，进行了环球航行，途中没有加油和再补给，历时 64 天，总航程 32600 海里。1983—1985 年，"班布里奇"号接受了最后的核燃料大修，之后离开太平洋，横渡巴拿马运河，重新加入了美国大西洋舰队。

BELKNAP-CLASS

贝尔纳普级导弹巡洋舰（美国）

■ 简要介绍

贝尔纳普级巡洋舰是美国海军隶下的一型导弹巡洋舰，是美国第三代蒸汽轮机导弹巡洋舰，是在其前辈莱希级导弹巡洋舰的基础上改进发展而成的。两者在舰体线型、结构、动力装置等方面几乎完全相同，但舰艉部装备的武器差别较大。

■ 研制历程

莱希级导弹巡洋舰服役以后，美国海军在其服役过程中发现了很多问题，于是紧接着在莱希级后，建造了第二批莱希级改进型（DLG），即贝尔纳普级导弹巡洋舰。

该级舰共建造了9艘，舰号从CG-26~CG-34，舰名分别为"贝尔纳普"号、"丹尼尔斯"号、"温赖特"号、"朱厄特"号、"霍恩"号、"斯特雷特"号、"斯坦德利"号、"福克斯"号、"贝蒂欧"号。首舰"贝尔纳普"号于1962年2月开工，1963年7月下水，1964年11月服役；最后一艘"贝蒂欧"号于1963年12月动工，1965年7月下水，1967年1月服役。

基本参数	
舰长	166.7米
舰宽	16.7米
吃水	8.8米
排水量	6570吨（标准） 8200吨（满载）
航速	32.5节
续航力	7100海里 / 20节
舰员编制	513人
动力系统	2台蒸汽轮机

▲ "贝尔纳普"号（CG-26）

■ 作战性能

贝尔纳普级导弹巡洋舰装备了大量武器，总共有2座四联装"鱼叉"舰舰导弹、1座双联MK10型导弹发射架（可发射"标准"SM-2ER舰空导弹或"阿斯洛克"反潜导弹）、2座密集阵近程武器系统、1门127毫米口径舰炮。此外，舰上还搭载有1架"拉姆普斯"反潜直升机。

该级舰的电子设备性能也十分先进，拥有1部AN／SPS-43 2D对空搜索雷达、1部AN／SPS-10F平面搜索雷达、1部AN／SLQ-32（V）3电子战系统、1套AN／SLQ-25反鱼雷系统和2部MK36干扰弹发射器。火控系统也相对完备，不但装备了NTDS海军战术数据系统和2部AN／SPG-55D照明雷达，还配备了MK14武器火控系统、MK68舰炮火控系统、MK114反潜火控系统各部，以及4套MK76导弹系统。

知识链接 >>

美国还在贝尔纳普级导弹巡洋舰的基础上研制了一艘核动力巡洋舰，即"特拉克斯顿"号核动力导弹巡洋舰，它与当时的"长滩"号、"班布里奇"号一同被誉为美国核动力巡洋舰的"三剑客"。"特拉克斯顿"号巡洋舰是美国海军第四艘核动力水面舰只，1963年6月开建，1964年12月下水，1967年5月服役。

▲ "斯特雷特"号（CG-31）

CALIFORNIA-CLASS

加利福尼亚级核动力导弹巡洋舰（美国）

■ 简要介绍

加利福尼亚级导弹巡洋舰是美国海军第三代核动力导弹巡洋舰，是为美国"尼米兹"号航空母舰编队而设计的一级大型护卫战舰。作为一种多用途巡洋舰，它在舰型设计、设备性能和武器装备等方面均有独到之处。

■ 研制历程

该级首制舰"加利福尼亚"号于1970年1月铺设龙骨，1971年9月建成下水，1974年2月正式入役。"加利福尼亚"级的2艘舰分别于1990年和1991年进行了改装，改装的主要项目包括：改进MK-74导弹制导系和SPG-51D火控雷达等。

随着冷战的结束，加利福尼亚级已经英雄迟暮，鉴于它仍然具备一定的作战能力，1998年，"加利福尼亚"号被划入B类预备舰；1999年，"南卡罗来纳"号被列为B类预备舰。

■ 作战性能

加利福尼亚级导弹巡洋舰上武备众多，共有2座四联装"鱼叉"舰舰导弹、2座SM-1MR"标准"舰空导弹、1座MK16型八联装"阿斯洛克"反潜导弹、2座MK32型三联装反潜鱼雷发射管、2套MK15型密集阵近程防御武器系统，以及MK36型箔条火箭发射架。该级舰装有多部对空、对海搜索雷达，多套指挥控制系统。舰上配有LN-66导航雷达和URN-25"塔康"系统及SQS-26CX型球鼻艏式声呐系统。舰上还设有直升机起降平台。

基本参数	
舰长	181.7米
舰宽	18.6米
吃水	9.6米
排水量	9561吨（标准） 10450吨（满载）
航速	30节
舰员编制	603人
动力系统	2座核反应堆 2台蒸汽轮机

▲ "加利福尼亚"号下水盛况

知识链接 >>

　　"标准"系列舰空导弹是美国海军为取代 RIM-2 "小猎犬"和 RIM-24 "鞑靼人"舰载防空导弹于 1963 年开始研制的中远程全天候舰队防空系统。"标准"防空导弹可以攻击中高空飞机、反舰导弹及巡航导弹，必要时还可攻击水面舰艇。经过几十年的不断改进，"标准"导弹已经发展成拥有数十种型号的庞大家族。

VIRGINIA-CLASS
弗吉尼亚级核动力导弹巡洋舰（美国）

■ 简要介绍

弗吉尼亚级巡洋舰是美国海军隶下的一型核动力导弹巡洋舰，是第一艘全综合指挥与可控制的导弹巡洋舰，是美国海军第四级也是最后一级核动力导弹巡洋舰。它具有独立或协同其他舰艇对付空中、水下和水面威胁的作战能力，可在全球范围内执行各种作战任务。其主要任务是与核动力航母一起组成强大的特混编队，在危机发生时迅速开赴指定海域，为航母编队提供远程防空、反潜和反舰保护，同时也为两栖作战提供支援。

■ 研制历程

20 世纪 60 年代，随着尼米兹级核动力航母的研制成功和陆续服役，美国海军仅有的 3 艘核动力巡洋舰已无法满足需要。为此，美国海军提出了发展加利福尼亚级和弗吉尼亚级核动力导弹巡洋舰的计划。

弗吉尼亚级共建造 4 艘，分别为"弗吉尼亚"号、"德克萨斯"号、"密西西比"号和"阿肯色"号。首舰"弗吉尼亚"号于 1972 年开工，1974 年下水，1976 年 9 月服役。其余 3 舰也都在 1980 年以前建成服役。

基本参数	
舰长	178.3米
舰宽	19.2米
吃水	9.6米
排水量	8623吨（标准） 11300吨（满载）
航速	大于30节
舰员编制	562人
动力系统	2座核反应堆 2台涡轮机

■ 作战性能

弗吉尼亚级巡洋舰装备了美国海军最先进的综合指挥系统和武器系统。主要有"战斧"导弹、"鱼叉"导弹、"标准"导弹、"阿斯洛克"反潜导弹和 127 毫米舰炮，火力强大。防护、补给性能有所提高。弗吉尼亚级巡洋舰可自动监测全舰管损和协调消防设施。该级舰各个方面的设计都从自动化考虑，因而比加利福尼亚级减少舰员 100 人左右。此外，它还着重考虑了全舰的居住性，其生活条件较为舒适，有利于舰员在海上长期生活，执行作战任务。自 20 世纪 80 年代以来，该级舰先后进行了几次改装，不但防空、反潜能力大幅提高，而且还首次具备了对地攻击能力，大大提高了该级舰执行任务的灵活性。

▲ 发射"战斧"巡航导弹

TICONDEROGA-CLASS
提康德罗加级导弹巡洋舰（美国）

■ 简要介绍

　　提康德罗加级导弹巡洋舰是美国海军下属的第一种正式使用宙斯盾的主战舰艇，配备以AN／SPY-1相控阵雷达为核心的整合式水面作战系统。它作为航空母舰战斗群与两栖攻击战斗群的主要指挥中心，为航空母舰提供保护。它能提供极佳的防空战力，使得航空母舰战斗群有充足的力量抵抗苏联来自水面、空中、水下兵力的导弹攻击。

■ 研制历程

　　1977年，美国海军提出首舰DDG-47的5.1亿美元建造预算，并于1978年9月22日与英格尔斯船厂签署首舰合约。里根总统上台后提出美国海军维持600艘舰艇规模的政策后，提康德罗加级导弹巡洋舰订单达到惊人的27艘。

　　1980年1月1日，美国宣布将DDG-47改列为导弹巡洋舰（CG），以避免前一代莱希级、贝克纳普级等导弹巡洋舰退役之后，舰队中无巡洋舰"撑场面"的窘况。

　　首舰"提康德罗加"号于1980年1月21日在英格尔斯厂开工，1983年1月22日服役，2004年9月30日退役。末舰"皇家港"号于1991年10月18日在英格尔斯厂开工，1994年7月9日服役。

发射标准 SM-2 防空导弹

基本参数	
舰长	172.8米
舰宽	16.8米
吃水	6.5米
排水量	9589吨（满载）
航速	30节
续航力	6000海里／20节
舰员编制	364人
动力系统	4台燃气涡轮机

　　提康德罗加级导弹巡洋舰最引人注目的是首次装备了"宙斯盾"作战系统；主要武器装备有：2门MK45型127毫米54倍径舰炮；2具MK26 MOD5双臂发射器（装备于CG-47至CG-51），可装填标准SM-2MR防空导弹或"阿斯洛克"反潜导弹；16组八联装MK41垂直发射器（装备于CG-52以后各舰），可装填标准SM-2防空导弹、"战斧"巡航导弹、垂直发射反潜导弹（VLA）；21世纪起增加ESSM短程防空导弹、SM-3反弹道导弹、战术型"战斧"巡航导弹等。

知识链接 >>

　　美国的"宙斯盾"作战系统从1969年12月开始研制，1981年正式装舰。它反应速度快，主雷达从搜索方式转为跟踪方式仅需0.05秒，能有效对付掠海飞行的超声速反舰导弹。它抗干扰性强，可在严重电子干扰环境下正常工作。该系统作战火力猛烈，可综合指挥舰上的各种武器，同时拦截来自空中、水面和水下的多个目标。

TYPE 26 KIROV-CLASS

26 型基洛夫级轻巡洋舰（苏联）

■ 简要介绍

26 型巡洋舰，北约称基洛夫级轻巡洋舰，是苏联首次建造的大型舰只。它在设计上得到了意大利的援助，以意大利最新型的第三批轻巡洋舰莱蒙德·蒙特库特里级轻巡洋舰为原型。该级是意大利海军最早实施大型化的轻巡洋舰，在整体设计上与后者如出一辙。由于安装了 180 毫米口径炮，超过《伦敦海军条约》规定的 152 毫米口径炮，所以被称为重巡洋舰。

■ 研制历程

苏联成立后，随着第一个五年计划的完成，重新建立了规模较为可观的军工体系，于是苏联海军提出建造新舰。但是彼时的苏联造船工业仍缺乏大型舰艇设计经验，只有向外国求援。1933 年，苏联政府与意大利安萨多船厂签订了设计合同，这型代号为 26 号工程的巡洋舰在意大利设计师的手中逐渐成形。

26 型巡洋舰一共建造 6 艘（含改进型 26 比斯型 4 艘），首舰"基洛夫"号于 1935 年 10 月 22 日在列宁格勒的奥尔忠尼启则造船厂（波罗的海造船厂）开工，1938 年 9 月加入波罗的海舰队。2 号舰"伏罗希洛夫"号在尼古拉耶夫的马尔季造船厂开工，1940 年 6 月加入黑海舰队。两舰服役后，又开工 4 艘改进型，即为马克西姆·高尔基级。

基本参数	
舰长	186.9米
舰宽	17.5米
吃水	6.1米
排水量	8450吨（标准）
航速	35.9节
续航力	3750海里/17.8节
舰员编制	578人
动力系统	2台蒸汽轮机

▲ 单装 100 毫米口径舰炮

26型巡洋舰装备3座三联装 B-1-P 型 180 毫米口径舰炮，最大射程约 35 千米，最大有效射程 20 千米，弹丸重量约 100 千克；最初的副炮是 6 门单管 100 毫米 56 倍径的 B-34 型舰炮，属于手工操作的高平两用炮，炮重 15 吨，射速每分钟 15 发，射程 16 千米，射高 6000 米，弹丸重 13.5 千克。防空武器包括舰桥顶部 3 门单管 45 毫米 46 倍径的 21K 型高炮和艉楼上层建筑末端等处密集布置的 5 门单管 37 毫米 67.5 倍径 70K 型高炮。舰上可携带两架 KOR-1 型小型水上飞机。与舰载机配套的是艏楼末端两舷的 2 架吊车。舰艉还有 2 根布雷轨，可携带 96 枚各式水雷（"伏罗希洛夫"号可携带 196 枚）。舰上装备 3 部 B-20 型测距仪，主要为 180 毫米口径舰炮提供服务。

▲ 全炮开火

知识链接 >>

马克西姆·高尔基级巡洋舰，是 26 型的改进型，共建造了 4 艘，分别为"马克西姆·高尔基"号、"莫洛托夫"号、"加里宁"号和"卡冈诺维奇"号。此型与基洛夫级差异很小，最明显的就是舰桥的变化。前两艘舰上耸立的 4 脚主桅在后续舰上不再采用，驾驶室顶被一圆桶形结构舱室加高，原安装在主桅的 B-20 测距仪移到了其舱室顶部。

TYPE 68 CHAPAYEV-CLASS

68 型恰巴耶夫级轻巡洋舰（苏联）

■ 简要介绍

68 型巡洋舰，北约称恰巴耶夫级轻巡洋舰，是苏联海军的轻型巡洋舰。它是在苏联卫国战争前开工建造的，但是直到二战结束后才服役。它以 26 型为基础进行改进设计，因此整体结构上两者非常相似。舰型为长艏楼型，艏楼延伸至一号烟囱两舷，艏甲板两舷出现了明显的外飘，两道近乎于直立的烟囱居于舰体中部且相隔开来。

■ 研制历程

68 型巡洋舰本计划建造 17 艘，但是到苏联卫国战争爆发时只有 7 艘开建，由列宁格勒的海军上将造船厂和波罗的海造船厂、尼古拉耶夫的 61 个公社社员造船厂和黑海造船厂建造。其中 2 艘，即"斯维尔德洛夫"号和"奥兹伊尼刻赤"号被德军俘获拆毁。

68 型建成服役的共有 5 艘，首舰"恰巴耶夫"号于 1950 年 10 月 25 日建成服役，1963 年 4 月 12 日退役。

最后建成的"扎尔采尼亚科夫"号于 1950 年 9 月 7 日建成服役，1975 年 10 月 21 日退役。

基本参数	
舰长	199米
舰宽	18.7米
吃水	6.9米
排水量	11130吨（标准） 14100吨（满载）
航速	32.5节
续航力	6300海里 / 17节
舰员编制	1184人
动力系统	6台蒸汽锅炉 2台蒸汽轮机 5台涡轮式发电机

▲ 恰巴耶夫级轻巡洋舰通过运河

■ 作战性能

　　68 型巡洋舰装备 12 门 B-38 型 152 毫米 57 倍径舰炮，装在 4 座 MK5 型三联装炮塔里。B-38 型舰炮单门重 17.5 吨，MK5 型炮塔重 239 吨，火炮全长 8.95 米，射速 6.5 发 / 分，最大射程 23.7 千米。副炮为 4 座 SM-5-1 型双联装 100 毫米高平两用炮。火炮炮塔重 45 吨，单门炮管重 3.9 吨，长 7 米，最大射程 24 千米，最大有效射高 16000 米。SM-5-1 炮塔正面炮管方向的右上角装备有"蛋杯"火控雷达，起到为火炮提供有效的目标参数、提高射击精准度的作用。舰桥"圆筒"顶部和 2 号烟囱后部各有 1 部控制 152 毫米主炮的 KDP-2-8-III 型测距仪。

知识链接 >>

　　恰巴耶夫级轻巡洋舰的得名，源自瓦西里·伊万诺维奇·恰巴耶夫（1887—1919）。他是苏联国内战争时期著名的红军指挥官。

▲ 恰巴耶夫级轻巡洋舰

68 改型斯维尔德洛夫级轻巡洋舰

（苏联）

■ 简要介绍

68 改型巡洋舰，北约称斯维尔德洛夫级轻巡洋舰，是二战后苏联第一种巡洋舰，也是最后一种传统的火炮巡洋舰。它总体上达到了后条约舰的水平，在火力、耐波性、居住性、稳定性、速度方面都有进步。如果生逢二战，它应该会战功赫赫，可惜它出现在导弹淘汰火炮的时代。这些有着坚甲利炮的战舰，只能在不断的改装中，唱响了"大舰巨炮"最后的挽歌。

■ 研制历程

二战后，部分苏联海军将领认为在全天候航母出现前，巡洋舰于恶劣天气下仍然有其存在价值，于是对所需技术进行了深入的研究，设计出 68 改型巡洋舰。首舰"斯维尔德洛夫"号于 1949 年 10 月 15 日在列宁格勒的波罗的海造船厂开工建造，1952 年 5 月 15 日服役。在列宁格勒和北德文斯克的各大船厂，更多的同级舰开工建造。仅仅 5 年时间，就有 17 艘新巡洋舰下水。但随着苏联领导班子的换届，最终 17 艘巡洋舰只有 14 艘得以完工并进入苏联 4 个舰队服役。

基本参数	
舰长	210米
舰宽	22米
吃水	6.9米
排水量	13600吨（标准） 16640吨（满载）
航速	33.7节
续航力	5300海里 / 18.2节 1975海里 / 33.5节
舰员编制	1250人
动力系统	6台锅炉 2台蒸汽轮机

▲ 从空中俯视斯维尔德洛夫级轻巡洋舰

■ 作战性能

68改型巡洋舰装备12门B-38型152毫米57倍径舰炮。B-38型火炮单门全重17.5吨，全长8.9米，最大射程23.7千米。该炮配置的弹种非常齐全，有被帽穿甲弹、榴霰弹、榴弹、照明弹等。副炮为12门CW5-1型100毫米70倍径舰炮。CW5型主要用于防空作战，是苏联第一种带有全套火控系统的自动舰炮，主要用于舰载中小口径火炮进行对空作战。其核心是2部"防晒板"型火控雷达，中心计算机负责处理目标数据，数据发送至各炮塔后再进一步解算，各炮塔上也有1部功能有限的SPN-500型火控雷达，如果中心计算机被摧毁或发生故障，各炮塔也能在接收雷达数据后自行解算射击。

▲ 斯维尔德洛夫级"库图佐夫"号海军博物馆，系泊于新罗西斯克港西南角

知识链接 >>

68改型巡洋舰上装备了火控雷达，这是一种包含了雷达扫描系统和火力控制系统，通过计算机辅助系统，实现对整个武器系统的综合有效利用的过程。一般在综合武器平台如飞机、军舰（都携带多种可并发的武器）上使用。可以现实获取战场态势和目标的相关信息；计算射击参数，提供射击辅助决策；控制火力兵器射击，评估射击的效果。

TYPE 58 KYNDA-CLASS

58型肯达级导弹巡洋舰

（苏联/俄罗斯）

■ 简要介绍

58型导弹巡洋舰，北约称肯达级导弹巡洋舰，首舰"威严"号（Grozny）的音译为格罗兹尼，故还称格罗兹尼级导弹巡洋舰。58型导弹巡洋舰是苏联第一代反舰导弹巡洋舰，也是世界上第一型真正意义上的导弹巡洋舰，由于它首次装备了导弹，因而具有相当的对舰攻击能力。其主要使命是进行反舰作战，但反潜能力较弱。

■ 研制历程

面对美国航母威胁的日益增长，特别是20世纪50年代初美国海军率先为"巴尔的摩"号巡洋舰装备了"天狮星-1"导弹发射装置，1956年12月，苏联海军总司令戈尔什科夫说服领导人后，指示第35中央设计局设计新一级的巡洋舰。1958年3月，58型技术解决方案在首席设计师尼基金的主持下提前完成。

58型舰原计划建造12艘，但苏联领导人认为"该级舰艇是用作访问，而不是参与作战，因为它是苏联建造技术的象征"，从而导致最终只建成4艘，分别是"威严"号、"守护"号、"英勇"号、"灵敏"号。

基本参数	
舰长	142.3米
舰宽	15.8米
吃水	5.3米
排水量	4330吨（标准） 5380吨（满载）
航速	34.5节
续航力	3500海里/18节 6000海里/14.5节
舰员编制	304人
动力系统	4台蒸汽轮机 2台汽轮机 2台柴油发电机 2台涡轮发电机

▲ 从空中俯视58型肯达级导弹巡洋舰

58型导弹巡洋舰的武器装备：P-35 /
SS-N-3B舰对舰导弹发射装置，2座四联装，
备弹8枚；A-N-1舰空导弹发射装置，1座
双联装，备弹16枚；AK-726型76.2毫米舰
炮，2座双联装；TTA-53-57比斯型533毫
米口径鱼雷发射管，2座三联装；"龙卷风-2"
型反潜火箭深弹发射装置，2座12管，96枚；
1架卡-25电子战型舰载机。

该级舰于20世纪80年代初进行现代化
改装，先后各自在前烟囱两侧加装了4座
AK-630型近防炮，在前桅两侧平台上换装
了MR-123"三角旗"对空搜索雷达，并且
在前烟囱后的2套鱼雷发射装置的中间添加
了1个双层甲板室。

戈尔什科夫（1910—1988），二
战前任太平洋舰队护卫舰、驱逐舰艇长、支
队长；二战中任新罗西斯克防御区副司令、陆军
第47集团军代理司令、第56集团军司令、海
军多瑙河区舰队司令、黑海舰队分舰队司令，
参加了众多战役；战后历任黑海舰队参谋
长、司令、海军第一副总司令，1956年
任苏联国防部副部长兼海军总司令。

▲ 58型肯达级导弹巡洋舰

TYPE 1134 KRESTA I-CLASS

1134 型克列斯塔 I 级导弹巡洋舰

（苏联）

■ 简要介绍

1134 型导弹巡洋舰，北约称克列斯塔 I 级巡洋舰，是苏联继 58 型之后研制的第二代导弹巡洋舰。本级舰注重远洋操作的航行稳定性，最初技术设计是用于反潜，但在建造时，装配的主要武器是反舰导弹，而服役过程中的优先任务则改为反潜。因而，1134 型有反潜导弹巡洋舰和反舰导弹巡洋舰两种不同的称呼。同时，它也是首批舰艉部有直升机机库和停机平台的苏制舰艇，又是首批能进行独立作战或远离己方飞机活动的导弹巡洋舰。

■ 研制历程

20 世纪 60 年代初，苏联海军感到仅凭 4000 多吨重的 58 型巡洋舰根本无法满足作战需要。为此，海军部要求新一级水面战舰可以适当放松对反舰能力的要求，但反潜能力一定要强。

1134 型导弹巡洋舰共建造 4 艘，全部由列宁格勒的日丹诺夫造船厂制造。分别为首舰"佐祖利亚海军上将"号、2 号舰"德罗兹德海军中将"号、3 号舰"符拉迪沃斯托克"号和 4 号舰"塞瓦斯托波尔"号。

基本参数	
舰长	156.2米
舰宽	16.7米
吃水	5.9米
排水量	5535吨（标准） 7125吨（满载）
航速	34.3节
续航力	5000海里 / 17.8节 1676海里 / 33节
舰员编制	312人
动力系统	4台蒸汽轮机 2台汽轮机

▲ 1134 型克列斯塔 I 级导弹巡洋舰

1134 型导弹巡洋舰装备了 2 座 PTA-53-1134 型五联装 533 毫米口径鱼雷发射管，管内可装 10 枚"浣熊 -2"反潜鱼雷或反舰鱼雷，发射 SAIT-65 自导反潜鱼雷；为了能够装备反潜直升机，设计了一个直升机起降平台，搭配一个机库，机库内可停放一架直升机。直升机的上舰，对于一贯轻视海基航空力量的苏联海军来说是一大进步。

其他武器装备有："龙卷风 - 2"火箭深弹发射装置，4 枚 P-35 反舰导弹，2 座 AK-725 型双管 57 毫米全自动舰炮，2 座双联 SA-N-1 防空导弹发射架和 2 座双联 SS-N-3 反舰导弹发射架，等等。

知识链接 >>

SAIT-65 自导反潜鱼雷改变了旧式声自导鱼雷仅能进行单平面制导的弱点，其制导体制改换为双平面被动声自导，不仅能够沿水平面搜索，还能在垂直面上搜索敌方潜艇，并自动发动攻击。SAIT-65 自导反潜鱼雷采用高比能的银锌电池作为电源，在重量不变的前提下大大提高了鱼雷的射程。

1134A 型克列斯塔 II 级导弹巡洋舰

（苏联）

■ 简要介绍

　　1134A 型巡洋舰，北约称克列斯塔 II 级导弹巡洋舰，是苏联 1134 型巡洋舰的反潜改进型。该级舰的整体构型和吨位与 1134 型相当，具有相同复杂的上层结构与当时相当流行的烟囱与主桅合一的烟道桅设计。在导弹武器和舰载设备等方面修改较大，主要用来应对日渐突出的来自水下的威胁。服役后，其反潜火力、电子系统被一再加强，一些老式武器装备也得到更换，大有和美国巡洋舰一争高下的架势。

■ 研制历程

　　1134 型巡洋舰首舰刚刚下水不久，美国就已经开始打造其庞大的水下核进攻力量。1961—1965 年，美国建造了 31 艘的拉斐特级弹道导弹核潜艇，同时期美国的 B-52 战略轰炸机、洲际弹道导弹已经能够毫不费力地深入苏联本土进行核打击。这让一贯以反航母为建设核心的苏联海军大为紧张，于是苏联海军对 1134 型巡洋舰进行了重大改进。就这样，1134A 型巡洋舰诞生了。

　　1134A 型巡洋舰共建造了 10 艘，全部由列宁格勒的日丹诺夫造船厂建造。

基本参数	
舰长	158.8米
舰宽	16.8米
吃水	6.1米
排水量	5600吨（标准） 7535吨（满载）
航速	34节（一说32节）
续航力	10500海里 / 14节 5200海里 / 18节 1893海里 / 32节
舰员编制	380人
动力系统	2台蒸汽涡轮机 4台锅炉

▲ 1134A 型巡洋舰舰艏的 AK-725 型 57 毫米双联装舰炮和"暴雪"四联装反潜导弹发射装置

1134A 型巡洋舰主要装备 2 座四联装 SS-N-14 反潜/反舰导弹 8 枚；2 座双联装 SA-N-3 舰空导弹 48 枚；2 座双联装 57 毫米口径 70 倍径 AK-725 舰炮；4 座 AK-630 型 30 毫米近防炮；2 座 PTA-53-1134 型 533 毫米五联装鱼雷发射管，能发射 10 枚 SET-65 型鱼雷；2 座 RBU-6000 型 12 管反潜火箭发射装置；2 座 RBU-1000 型 6 管反潜火箭发射装置；1 架 KA-25PL 或 KA-25RTS 直升机。

▲ 高速行驶中的 1134A 型巡洋舰

知识链接 >>

1134A 型巡洋舰上使用了 2 台蒸汽涡轮机，这是一种将水加热后形成水蒸气的动能，转换为涡轮转动的动能的机械。相较于瓦特发明的单级往复式蒸汽机，蒸汽涡轮机大幅改善了热效率，更接近热力学中理想的可逆过程，并能提供更大的功率，至今它几乎完全取代了往复式蒸汽机。世界上大约 80% 的电是利用蒸汽涡轮机所产生的。

TYPE 1134B KARA-CLASS

1134B 型卡拉级导弹巡洋舰

（苏联 / 俄罗斯）

■ 简要介绍

1134B 型巡洋舰，北约称卡拉级导弹巡洋舰，是一款放大的 1134A 型巡洋舰。它是苏联海军第一艘燃气轮机巡洋舰。它是当时反潜与防空先进装备的集合体。苏联海军赋予它的具体战斗使命是，在由若干舰艇中队组成的战术集团中起到稳定战术的灵魂作用；负责反潜和防空，确保己方潜艇在大洋巡航并安全返回基地；确保己方舰艇在遭到敌方潜艇、飞机，以及轻型武装攻击时撤退线路的安全。1134B 型是苏联海军面向远洋反潜迈出的一大步。

■ 研制历程

苏联海军一开始对 1134A 型还是比较满意的，认为它整合了反潜和声呐系统，但是1134A 型防空能力较弱，系统反应速度较慢，特别是体积庞大的蒸汽轮机占用了相当大的舰体空间，因而不能搭载更多的系统设备。所以当 1134A 型还在建造的时候，对它的升级改造就已经开始了。

1965 年 10 月 25 日，苏联当局在第 855号 ~ 3310 号文件中确认了 1134B 工程。

1134B 型巡洋舰共建造 7 艘，全部由尼古拉耶夫市的 61 名公社社员造船厂建造。

基本参数	
舰长	173米
舰宽	18.6米
吃水	6.7米
排水量	8000吨（标准） 9700吨（满载）
航速	34节
续航力	9000海里/15节
舰员编制	425人
动力系统	6台燃气轮机

▲ 系泊中的 1134B 型巡洋舰

1134B的导弹装备包括2座双联装"风暴"防空导弹发射装置、2座双联装"黄蜂–M"防空导弹发射装置。基本火炮单元是2座双联装76毫米口径AK-762炮，备弹4800发。反潜装备由2座四联装URPK-3型"暴风雪"反潜导弹发射系统、鱼雷、深水炸弹组成。舰艏2座12管RBU-6000深弹投掷器，装144枚RPG-60深弹。舰艉2座6管RBU-1000深弹投掷器，装60枚RPG-10深弹。

知识链接 >>

1134B型驾驶舱顶部平面中线位置的最前方安放1部"顿河"导航雷达基座和1套"贝加尔"导航系统，驾驶舱顶部中央位置装备1部"雷电"–M火控雷达，用来引导"风暴"防空导弹，其后是1台MT-45型水面监视系统的摄像机。前桅中段安放1台ARP-50R无线电测向器，前桅顶部是1部"安加拉河"（MR-310A）三坐标对空搜索雷达，前桅基部两侧各1部"顶环"（MR-105）炮瞄雷达用来引导AK-726炮。

TYPE 1164 SLAVA-CLASS

1164 型光荣级导弹巡洋舰

（苏联 / 俄罗斯）

■ 简要介绍

1164 型巡洋舰，北约称光荣级导弹巡洋舰，是苏联 / 俄罗斯海军隶下的大型传统动力攻击巡洋舰。本级舰满载排水量 11280 吨，舰上最引人注目的是巨大的圆形远程反舰导弹发射装置。它们沿前部上层建筑两侧呈阶梯形倾斜排列，占据甲板较大位置。本级舰的 3 号舰"瓦良格"号巡洋舰是现俄罗斯海军太平洋舰队旗舰。

■ 研制历程

20 世纪 60 年代后期，美苏冷战对抗激烈，面对美国愈发强大的水面舰艇兵力，苏联开始建造航空母舰等大型水面舰艇。为了配合苏联远洋航空母舰，弥补核动力 1144 型巡洋舰的数量不足，苏联开始建造一型经济和缩小版的 1144 型。

1164 型计划建造 8 艘，最后完成服役的仅有 3 艘，分别是首舰"光荣"号、2 号舰"洛博夫海军元帅"号和 3 号舰"瓦良格"号。

基本参数	
舰长	186.4米
舰宽	20.8米
吃水	6.28米（标准） 8.4米（满载）
排水量	9300吨（标准） 11280吨（满载）
航速	32.5节
续航力	7000海里/18节 2100海里/30节
舰员编制	529人
动力系统	COGOG 全燃联合 2台巡航用燃气轮机 4台加速用燃气轮机 2台废气循环巡航用锅炉

1164 型巡洋舰上反舰作战装备：8 座双联 SS-N-12"沙箱"反舰导弹、用鱼雷管发射的 T3-31 或 T3CT-96 反潜反舰两用鱼雷、53-68 型核鱼雷和 1 座双联 130 毫米口径舰炮等。防空作战系统：8 座"雷声"SA-N-6 导弹发射装置、2 座双联 SA-N-4"壁虎"导弹发射装置、6 座 AK630 型 6 管 30 毫米炮等。反潜纵深分为三个层次：外层由"卡-27"反潜直升机和"菜牛皮"拖曳声呐担任；中层由反潜导弹和鱼雷联合构成，内层由 2 座 12 管 RBU-6000 火箭式反潜深弹发射装置承担。

知识链接 >>

SS-N-12 反舰导弹是苏联的一种重型远程超声速反舰导弹，北约代号为"沙箱"反舰导弹，由苏联切洛梅伊设计局于 1969 年开始研制，1973 年定型，1976 年服役。SS-N-12 反舰导弹主要用于对敌航空母舰和其他大型作战舰进行饱和式打击，以弥补苏联在航空母舰数量上不足的缺点。它是 1164 型巡洋舰最重要的对舰武器。

◀ 1164 型巡洋舰在外观上最大的特点就是船舷两侧并列布置了 16 座硕大的 P-1000"火山岩"长程反舰导弹发射装置，发射装置每组 2 具，每舷侧 4 组

TYPE 1144 KIROV-CLASS

1144型基洛夫级核动力导弹巡洋舰

（苏联／俄罗斯）

■ 简要介绍

1144型巡洋舰，北约称基洛夫级巡洋舰，是苏联／俄罗斯海军的一型大型核动力导弹巡洋舰，是世界上最大的巡洋舰，舰满载排水量超过2.5万吨，仅次于航空母舰，舰上装载超过400枚导弹，因此有"武库舰"的称号。因其强大的火力以及巨大的吨位，又被西方军事家划分为战列巡洋舰。

■ 研制历程

1144型巡洋舰是苏联海军与美国海军争夺海洋进行军备竞赛的产物，是苏联海军为实现从近海走向远洋、从防御走向进攻，与美国海军争霸海洋的海军战略而制订的海军发展规划的组成部分之一。

1962年，苏联开始了新巡洋舰的设计工作。该项目由当时阿尔玛兹舰艇设计局首席设计师库宾斯基负责。1968年，设计工作开始，代号"1144工程"。1970年，设计方案通过。本级舰共建4艘，分别为首舰"基洛夫"号、2号舰"伏龙芝"号、3号舰"加里宁"号和4号舰"尤里·安德罗波夫"号。

基本参数	
舰长	250.1米
舰宽	28.5米
吃水	7.8米
排水量	23750吨（标准） 25860吨（满载）
航速	31节
续航力	14000海里／30节
舰员编制	759人
动力系统	2座核反应堆

■ 作战性能

　　1144 型的反舰导弹采用垂直发射系统，没有采用美国的箱式发射筒，而是采用圆环形排列导弹的方式。本级后 3 艘强化防空性能，装配大量各型先进防空导弹，在世界范围内率先采用垂直发射模式。采用花岗岩远程反舰导弹系统，将 20 枚 SS-N-19 导弹安装在上甲板。配备 1 门 130 毫米 AK-130DP 多用途双管舰炮，备弹 840 发。火炮系统主要由 1 台火控计算机、1 部多波段雷达、1 套电视和光学目标瞄准器组成。防空系统由 3 道防线组成，SA-N-6 防空导弹为第一道防线，SA-N-9 防空导弹为第二道防线，SA-N-4 导弹为第三道防线。反潜系统主要由舰载反潜武器系统和舰载直升机机载反潜武器系统组成。

◀ 1144 型基洛夫级核动力导弹巡洋舰

知识链接 >>

　　1992 年 5 月 27 日，俄罗斯海军将现役的 4 艘 1144 型基洛夫级巡洋舰更名："基洛夫"号巡洋舰，更名为"乌沙科夫海军上将"号巡洋舰；"伏龙芝"号巡洋舰，更名为"拉扎列夫海军上将"号巡洋舰；"加里宁"号巡洋舰，更名为"纳希莫夫海军上将"号巡洋舰；"尤里·安德罗波夫"号巡洋舰，更名为"彼得大帝"号巡洋舰。

YORCK-CLASS

约克级装甲巡洋舰（德国）

■ 简要介绍

约克级是德国在 20 世纪初建造的一级装甲巡洋舰，是阿尔伯特亲王级的扩大改进型，航速提高了 0.5 节，防护甲板最厚处增厚至 60 毫米。除此之外，在武器装备和防护措施方面没有什么改变。该级在鱼雷武器上与阿尔伯特亲王级的唯一区别是后者舰艉的鱼雷管是水上发射，而本级所有的鱼雷管都是在水下发射的。

■ 研制历程

约克级装甲巡洋舰共建成 2 艘，为"约克"号和"卢恩"号。首舰"约克"号于 1903 年 2 月在汉堡港的布洛姆·福斯造船厂开工，1905 年 11 月竣工，造价高达 16241000 马克。2 号舰"卢恩"号于 1903 年 8 月在基尔海军造船厂的船台上铺设龙骨，1906 年 4 月竣工。

基本参数	
舰长	127.89米
舰宽	20.22米
吃水	7.77米
排水量	9533吨（标准） 10266吨（满载）
航速	21节
舰员编制	633人
动力系统	3台三胀式蒸汽机 16台锅炉

▲ 约克级装甲巡洋舰"约克"号

■ 作战性能

　　约克级装甲巡洋舰武器装备为2门双联210毫米40倍径主炮，10门单装150毫米40倍径副炮，14门单装88毫米35倍径速射炮，4门37毫米速射炮（根据需要安装），4具450毫米口径鱼雷发射管。防护方面，水线处最厚150毫米，炮塔正面防盾180毫米，舾甲板要害部位装甲厚63毫米，延伸至艏艉减少到38毫米。

知识链接 >>

　　1914年11月3日，约克级"卢恩"号参加了公海舰队炮击英国城市雅茅斯的行动。12月16日，该舰又与"海因里希亲王"号一道出击，炮轰了英国港口城市哈特普尔。1916年11月以后作为训练舰服役，德国人曾一度计划将"卢恩"号改装成水上飞机母舰，但最终没有实现。一战结束后，"卢恩"号开始执行非战斗任务，最终于1921年被拆毁。

▲ 约克级装甲巡洋舰"卢恩"号

MOLTKE-CLASS

毛奇级战列巡洋舰（德国）

■ 简要介绍

毛奇级是德国在 20 世纪初在"冯·德·坦恩"号战列巡洋舰设计基础上加以改进，并增强防护力和火力水平而建造的一级战列巡洋舰。该级舰舰体艏楼延长至艉部，艉部增加 1 座主炮塔，呈背负式布局，其装备的主炮在数量和威力方面，足以抵消与英国早期战列巡洋舰主炮之间口径的差异，可以对英国同类战列巡洋舰脆弱的防御装甲造成致命的威胁。

■ 研制历程

毛奇级战列巡洋舰共建造 2 艘，首舰"毛奇"号于 1908 年 12 月 7 日在汉堡的布洛姆·福斯造船厂开工，1910 年 4 月 7 日下水，1911 年 9 月 30 日服役，1919 年 6 月 21 日在斯卡帕湾自沉。2 号舰"戈本"号于 1909 年 8 月 12 日在汉堡的布洛姆·福斯造船厂开工，1911 年 3 月 28 日下水，1912 年 7 月 2 日服役，1914 年 8 月 16 日移交土耳其海军，1973 年解体。

基本参数	
舰长	186.6米
舰宽	29.4米
吃水	9.19米
排水量	22979吨（标准） 25400吨（满载）
航速	25.5节
续航力	4120海里 / 14节
舰员编制	1050人（平时） 1350人（战时）
动力系统	24台锅炉 2台蒸汽轮机

▲ 毛奇级战列巡洋舰"毛奇"号 1912 年在纽约

毛奇级战列巡洋舰的武器装备为 10 门 280 毫米 50 倍径主炮（5 座双联炮塔）；12 门 150 毫米 45 倍径副炮（炮座单装）；12 门 88 毫米 45 倍径防鱼雷艇 / 防空炮；4 具 500 毫米口径鱼雷发射管，水下安装，舰体艏艉各 1 具，两舷 A 炮塔下方各 1 具。装甲厚度方面，水线装甲带 100 毫米 ~ 270 毫米，甲板 25 毫米 ~ 65 毫米，水密舱隔板 150 毫米，炮塔 250 毫米 ~ 100 毫米，指挥塔 350 毫米。

▲ 行进中的毛奇级战列巡洋舰

知识链接 >>

1916 年 5 月 31 日至 6 月 1 日，英德双方在日德兰爆发大规模海战，"毛奇"号隶属希佩尔战列巡洋舰分队，在旗舰"吕佐夫"号遭到重创后，担当希佩尔的旗舰。它在战斗中身中 4 发炮弹，所幸没有被击中要害。在北大西洋的其他海战中，"毛奇"号也挨了数枚鱼雷。最后，它在斯卡帕湾迎来了自己的命运——在"彩虹行动"中自沉。

"塞德利茨"号战列巡洋舰（德国

■ 简要介绍

　　"塞德利茨"号战列巡洋舰是德国海军建造的战列巡洋舰，是毛奇级战列巡洋舰的改进型。它的舰体比毛奇级更长，加强了舰体强度，在装甲和水密防护上做了一些大的改进，舰艏干舷提高，适航性能得到了改善，侧舷水线防御装甲厚度接近吨位相近的战列舰。从单舰质量上来看，"塞德利茨"号超越了同期英国的战列巡洋舰。此后德国战舰采用的水密舱结构设计和炮塔防护的优点正是对此舰的继承与借鉴。该舰凭借其出色的损管和防护设计赢得了"不沉战舰"之名。

■ 研制历程

　　"塞德利茨"号战列巡洋舰的建造代号是"重巡洋舰J号"，它于1911年2月4日在汉堡的布洛姆·福斯造船厂开工，1912年3月30日下水，1913年5月22日服役。

基本参数	
舰长	200.6米
舰宽	28.5米
吃水	9.29米
排水量	24988吨（标准） 28550吨（满载）
航速	26.5节
续航力	4200海里 / 14节
舰员编制	1068人（平时） 1240人（战时）
动力系统	27台锅炉 2台蒸汽轮机

▲ 在日德兰海战中严重受损的"塞德利茨"号战列巡洋舰

　　"塞德利茨"号战列巡洋舰的武器装备为 10 门 280 毫米 50 倍径主炮（5 座双联炮塔）；12门 150 毫米 45 倍径副炮；12 门 88 毫米 45 倍径防空炮；4 具 500 毫米口径鱼雷发射管，水下安装，舰体艏艉各 1 具，两舷 A 炮塔下方各 1 具。装甲厚度为主装甲带 99 毫米～300 毫米，甲板 25.4毫米～63.5 毫米，水密舱隔板 150 毫米，炮塔 99 毫米～248.9 毫米，指挥塔 350.5 毫米。

▲ 倾覆的"塞德利茨"号战列巡洋舰

知识链接 >>

　　"塞德利茨"号战列巡洋舰以 18世纪奥地利王位继承战争中普鲁士的著名将领冯·塞德利茨男爵命名。弗里德里希·威廉·冯·塞德利茨男爵（1721—1773），普鲁士杰出的骑兵将军。他在关系普鲁士命运的一系列战役，诸如布拉格战役、科林战役、罗斯巴赫会战、曹恩道夫战役中，指挥得当，赢得胜利，令人赞叹。

DERFFLINGER-CLASS

德弗林格尔级战列巡洋舰（德国）

■ 简要介绍

　　德弗林格尔级战列巡洋舰是德国在一战前建造的一种全新战列巡洋舰。它采用高干舷平甲板舰型，舰艏具有明显的舷弧。德国海军首次在战列巡洋舰上采用305毫米口径主炮，主炮全部沿舰体甲板中线布置，较以往德国战列巡洋舰减少了1座主炮炮塔，舰体艏艉各布置2座，主炮拥有良好的射界。该级舰整体防护接近早期无畏舰的水平，展示了德国造船工业的高超技术水平。

■ 研制历程

　　德弗林格尔级战列巡洋舰一共建造了3艘。首舰"德弗林格尔"号于1912年3月30日在汉堡的布洛姆·福斯造船厂开工，1914年9月1日服役，1919年6月21日在斯卡帕湾自沉。

　　2号舰"吕佐夫"号于1912年7月16日在但泽的硕效船厂开工，1913年11月11日下水，1915年8月8日服役，1916年7月1日战损自沉。

　　3号舰"兴登堡"号于1913年10月1日在威廉港的皇家船厂开工，1915年8月1日下水，1917年5月10日服役，1919年6月21日在斯卡帕湾自沉。

基本参数	
舰长	210.4米
舰宽	29米
吃水	9.56米
排水量	26600吨（标准） 31200吨（满载）
航速	26.5节
续航力	5600海里 / 14节
舰员编制	1112人（平时） 1390人（战时）
动力系统	14台锅炉 2台蒸汽轮机

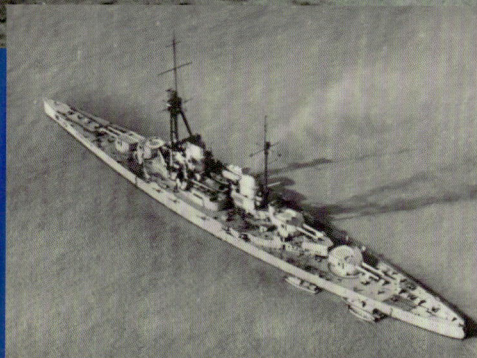

▲ 从空中俯视德弗林格尔级战列巡洋舰

■ 作战性能

　　德弗林格尔级战列巡洋舰的武器装备为 8 门 305 毫米 50 倍径主炮（4 座双联炮塔）；12 门 150 毫米 45 倍径副炮，炮座单装（"兴登堡"号为 14 门）；12 门 88 毫米 45 倍径防鱼雷艇 / 防空炮，炮廓单装（1916 年后拆除，"德弗林格尔"号保留 2 门，"兴登堡"号保留 4 门）；4 具 500 毫米口径鱼雷发射管，水下安装，舰体艏艉各 1 具，两舷 A 炮塔下方各 1 具。装甲厚度为主装甲带 99 毫米 ~ 300 毫米，甲板 25.4 毫米 ~ 63.5 毫米，水密舱隔板 248.9 毫米，炮塔 109.2 毫米 ~ 269.2 毫米，指挥塔 350.5 毫米。

▲ 被击伤倾覆的"吕佐夫"号

知识链接 >>

　　"德弗林格尔"号从开始服役便加入了海军第一侦察分队，1914 年 12 月 16 日，随舰队对英国沿海的斯卡帕勒执行炮击任务，企图将英国大舰队诱出交战。1915 年 1 月 24 日，"德弗林格尔"号在多格尔沙洲海战中被一发炮弹击中，造成防御煤舱受创进水。1915 年 8 月，它被转移至波罗地海的里加湾执行任务，与俄国海军交战。

SCHARNHORST-CLASS
沙恩霍斯特级战列巡洋舰（德国）

■ 简要介绍

　　沙恩霍斯特级战列巡洋舰是 20 世纪 30 年代德国设计建造的一种大型主力战舰。它有着适度的球鼻型艏，以减少高速时的兴波阻力；加上舰体长度大、结构好，这对减少阻力十分有利。它与德国一战时期的战列巡洋舰和其他国家海军的主力舰大不相同，没有装备附加外板，从而更容易获得较高的航速。

■ 研制历程

　　德国作为一战的战败国，其海军主力战舰的建造受到《凡尔赛和约》的严格限制。1933 年，德国海军突破限制，秘密设计大型战舰。1935 年，德国宣布撕毁《凡尔赛和约》。签订《英德海军协定》之后，德国海军开始建造沙恩霍斯特级战列巡洋舰。

　　沙恩霍斯特级战列巡洋舰共建造 2 艘，首舰"沙恩霍斯特"号于 1935 年 5 月开工，1936 年 10 月下水，1939 年 1 月服役，1943 年 12 月 26 日被击沉；2 号舰"格奈森瑙"号于 1935 年 5 月开工，1936 年 12 月下水，1938 年 5 月服役，1942 年 2 月 26 日被击毁。

基本参数	
舰长	235.4米
舰宽	30米
吃水	8.5米
排水量	31053吨（标准） 37224吨（满载）
航速	31节
续航力	9020海里 / 15节
舰员编制	1669人
动力系统	12台锅炉 3台蒸汽轮机

▲ 沙恩霍斯特级战列巡洋舰

■ 作战性能

沙恩霍斯特级舰的主炮是 3 座三联装 283 毫米 54.5 倍径身长炮。采用 3 种炮弹：穿甲型——主要用于对付高强度的装甲目标；普通型——炮弹装有较多的炸药，并能增加杀伤力；高爆型——增强弹片杀伤效果，主要用于对付暴露的人员、高射炮炮位、火控装置、探照灯等，还用来对付装甲防护较弱的驱逐舰以下的舰艇。

副炮是 150 毫米 55 倍径身长单管炮和双联装炮各 4 座，还有 7 座双联 105 毫米 65 倍径高炮，8 座 37 毫米 83 倍径双联装机炮。配备 4 架"阿拉多 196"水上飞机，用于侦察观测。

防护厚度方面，主舷侧装甲舯部为 350 毫米，艏艉部 170 毫米，上甲板和下甲板装甲 50 毫米。主炮装甲正面 360 毫米，侧面 200 毫米，顶部 150 毫米。副炮装甲 150 毫米，指挥塔装甲 350 毫米。

▲ 沙恩霍斯特级战列巡洋舰前主炮

知识链接 >>

1940 年 6 月 4 日，沙恩霍斯特级两舰在"希佩尔海军上将"号和 4 艘驱逐舰的配合下，在挪威的哈尔斯塔附近向同盟国海军部队和运输船队发起了攻击，击沉同盟国油船和运兵船各 1 艘。同年 6 月 8 日，沙恩霍斯特级两舰发现了英军航空母舰"光荣"号，"沙恩霍斯特"号遂开火，经过一番火力交锋，击沉"光荣"号航母和 2 艘担任护航的驱逐舰。

ADMIRAL HIPPER-CLASS
希佩尔海军上将级重巡洋舰（德国）

■ 简要介绍

希佩尔海军上将级重巡洋舰，简称希佩尔级，是二战期间德国的一型重巡洋舰，是1935年《英德海军协定》签订后，德国被容许合法摆脱《凡尔赛和约》建造大型舰只的产物。该级舰具有舰体长、长宽比大、航速高的特点。该级舰服役不久后就开始改装为大西洋舰艏，也称为飞剪型舰艏。这种舰艏比较适于北海和大西洋环境，这也成了德国大型战舰的外观标志。

■ 研制历程

1934年2月，德国决定进行重型巡洋舰方案的初始设计，海军部提出的设计要求是火力能与法国海军的"阿尔及尔"号重型巡洋舰匹敌，航速比法国海军的敦刻尔克级战列巡洋舰快，续航力能满足大西洋作战的要求。希佩尔海军上将级重巡洋舰应运而生。

希佩尔海军上将级重巡洋舰计划建造5艘，实际完成3艘，分别为"希佩尔海军上将"号、"布吕歇尔"号和"欧根亲王"号。

基本参数	
舰长	202.8米
舰宽	21.3米
吃水	5.8米
排水量	14050吨（标准） 18208吨（满载）
航速	32.5节
续航力	6500海里/17节 7000海里/20节
舰员编制	1382人~1599人
动力系统	12台锅炉 3台蒸汽轮机

■ 作战性能

希佩尔海军上将级重巡洋舰在舰艏、舰艉各有2座双联装主炮塔，共装有8门SKC/34（L60）型203.2毫米主炮，备弹量960发~1280发。还装备了重型防空武器，在两舷各有3座双装105毫米高炮，这是二战中最优秀的中型舰载高炮之一。两舷舯部前后装有4座三联装533毫米口径鱼雷发射管，使用G7A蒸汽动力鱼雷，

希佩尔海军上将级重巡洋舰放飞水上飞机

备雷 10 枚 ~ 12 枚。舰上设有航空设备，包括 1 座弹射器和 1 个机库，舷侧有 2 个用于起吊飞机的起重机，后 3 舰有 2 个机库，备有水上飞机 3 架，用于侦察、校射和联络。

该级舰建造时，由于焊接技术已有很大发展，因此德国人大量采用了焊接方法建造。焊接比铆接节省了不少舰体重量，而且有利于采用高强度钢，提高了整舰的防护强度。

知识链接 >>

1940 年 12 月，希佩尔海军上将级"欧根亲王"号与"俾斯麦"号战列舰参加了"莱茵演习"作战，参与击沉了英国"胡德"号战列巡洋舰的战斗，之后参加了"三头犬"作战行动。1945 年 12 月，"欧根亲王"号作为战利品交付给美国，重新编号为 USSIX 300。该舰作为核试验的靶舰，于 1946 年 12 月 22 日在夸贾林环礁沉没。

SHANNON

"香农"号装甲巡洋舰（英国）

■ 简要介绍

　　"香农"号装甲巡洋舰是英国建造的第一艘装甲巡洋舰，用以应对俄国海军的"海军上将"号装甲巡洋舰。然而，由于前期装备的后膛炮工艺问题没有解决，英国皇家海军又转而研究前膛炮，可是前膛炮无法造出很长的身管，这样一来限制了武备力量，仍然无法与同时代的铁甲舰一较高下，同时由于受重炮和铁甲的拖累，"香农"号的航速相对于其他巡洋舰来说也十分低下。

■ 研制历程

　　19世纪70年代，俄国造出了新型的装甲巡洋舰。当时英国巡洋舰的任务是护航、侦察、通报和显示武力，都属于低烈度的任务。同时代的英国巡洋舰与俄国新型装甲巡洋舰相比，在防护和火力方面略显落后。为了反击俄国的装甲巡洋舰，英国皇家海军将设计任务交给了皇家海军的造舰总监巴纳贝，他的设计通过之后，1873年，英国的第一艘装甲巡洋舰"香农"号便被送上了船台。

基本参数

舰长	79.25米
舰宽	16.46米
吃水	6.78米
排水量	5670吨
航速	12.25节
舰员编制	452人
动力系统	1台连杆往复式蒸汽机

■ 作战性能

　　为了打穿俄国的装甲，英国必须给巡洋舰配备更大口径的主炮，于是"香农"号装备了1868年定型的254毫米15倍径前装线膛炮（重量18吨）MK II型。主要武器还有7门228毫米14倍径MK IV前装线膛炮，6门84毫米后膛炮。装甲方面，全舰装甲均为锻铁，水线装甲带厚152毫米～228毫米；装甲甲板厚50毫米～76.2毫米，木制背板厚254毫米～330毫米，装甲盒前后隔堵厚203毫米～228毫米，装甲甲板厚37毫米～76毫米，指挥塔厚228毫米。

▲ "香农"号装甲巡洋舰系泊照

知识链接 >>

　　装甲巡洋舰是 19 世纪中期出现的一款新型军舰。它拥有接近铁甲舰的强大火力，是一款采取类似铁甲舰防护和火力模式的巡洋舰。它只是在防护上模仿铁甲舰，出于对航速的要求，又受到造价限制，实际防护能力远弱于同时代的铁甲舰。装甲巡洋舰最早由俄国建造，主要功能是实施破交战、破袭战，或作为舰队辅助舰。

NELSON-CLASS
纳尔逊级装甲巡洋舰（英国）

■ 简要介绍

纳尔逊级装甲巡洋舰是"香农"号的扩大改进型。其排水量从5670吨扩大到了7400吨～7600吨。纳尔逊级舰上装了10部圆式锅炉，把功率加大，使7000多吨的装甲巡洋舰可以达到14节的最高航速。同时它能以10节的巡航速度在海上连续活动18天，可以完成横渡大西洋的任务。即使在靠上码头之前煤全部烧完，也有2300平方米的风帆用于在海上慢速行驶。

■ 研制历程

1870—1878年间，英国皇家海军投建的远洋铁甲舰只有6艘，与此同时，刚刚在陆地战中惨败于普鲁士的法国却兴建了10艘可以在远洋活动的铁甲舰。1878年，俄国公开向英国挑衅。为了回应挑衅，英国皇家海军让其造舰总监巴纳贝设计新的装甲巡洋舰。

纳尔逊级装甲巡洋舰共建造了2艘，首舰"纳尔逊"号于1874年11月开工，1880年7月服役，1902年转成训练舰，1910年退役出售。2号舰"北安普敦"号于1874年10月开工，1878年12月服役，1894年转成训练舰，1905年退役出售。

基本参数

舰长	85.34米
舰宽	18.29米
吃水	7.57米
排水量	7473吨
航速	14节
舰员编制	560人
动力系统	风帆面积2300平方米 10台圆式锅炉倒缸蒸汽机

■ 作战性能

在武器装备方面，纳尔逊级火炮和香农级相同。共计4门254毫米15倍径前装线膛炮MK II，8门228毫米14倍径前装线膛炮MK IV。在防护上，水线装甲带最大厚度228毫米，水下减薄到200毫米，都由254毫米～330毫米的木质背板来支撑；甲板装甲厚50毫米～76毫米。不同的是纳尔逊级由于使用倒缸蒸汽机双轴，它的舵可以完全隐蔽于水下，因此舰艉部装甲甲板向下倾斜，以保护操舵装置。

▲ 纳尔逊级装甲巡洋舰系泊照

知识链接 >>

　　铁甲舰是 19 世纪下半叶的一种蒸汽式军舰，外有坚硬的铁或钢制装甲。由于木造军舰无力抵御越来越强大的炮弹轰炸，铁甲舰便应运而生。1859 年 11 月，法国海军的全球第一艘主力铁甲战舰"光荣"号首度启航。许多铁甲舰都装有撞击装置（冲角）或鱼雷，这些一般被视为海战时的关键武器。

IMPERIEUSE-CLASS
蛮横级装甲巡洋舰（英国）

■ 简要介绍

蛮横级装甲巡洋舰是英国皇家海军在 19 世纪 90 年代装备的一级巡洋舰，它借鉴了法国海军舰船设计的部分优点，摒弃了原来的船舷列炮舰艇的全面防护思路，而采用了重点防护的策略。从性能上看，蛮横级具有后来的大批钢制装甲巡洋舰的基本特征，比如在舰只中线上艏艉布置主炮，取消帆缆装置等。

■ 研制历程

19 世纪 80 年代以来，随着炮钢的不断改进，采用旧式后膛炮吃了亏的英国皇家海军又一次开始考虑装备新型的后膛炮了。同时法国人发明的露炮台也在英国获得青睐，几项技术一结合，形成了皇家海军一批全新的舰艇——海军上将战列舰和蛮横级装甲巡洋舰。

蛮横级装甲巡洋舰的设计师是威廉·怀特。本级舰建造了 2 艘，分别是"蛮横"号、"厌战"号。首舰"蛮横"号于 1881 年 10 月开工，1886 年 9 月服役，1913 年退役。2 号舰"厌战"号于 1881 年 10 月开工，1888 年 6 月服役，1906 年废弃。

基本参数	
舰长	96.01米
舰宽	18.9米
吃水	8.5米
排水量	8500吨
航速	16节
续航力	5500海里 / 10节
舰员编制	555人
动力系统	12台圆式锅炉 2台蒸汽机

■ 作战性能

蛮横级装甲巡洋舰在火力方面装备了 4 门 234 毫米 32 倍径后装线膛炮，炮弹重达 22 吨，威力极大，可以打穿厚达 432 毫米的铁甲，它们呈菱形布置——艏艉各 1 门，两舷各 1 门；6 门 152 毫米 26 倍径后装线膛炮（撤除帆缆后可载 8 门）；4 门 57 毫米速射炮；6 具水上 450 毫米口径鱼雷发射管。装甲方面，水线装甲带厚 254 毫米，装甲甲板厚 50 毫米～102 毫米，装甲盒前后隔堵厚 228 毫米，露炮台厚 203 毫米，弹药输送管厚 76.2 毫米，指挥塔厚 228 毫米。

▲ 蛮横级装甲巡洋舰舰艉

▲ 蛮横级装甲巡洋舰

知识链接 >>

线膛炮是炮身管内壁有膛线的火炮，发射时弹丸沿炮膛膛线旋转前进，出炮口后具有一定的转速，可以保持稳定飞行。线膛炮的炮弹均为从炮尾部装填，射程、射速和射击精度等皆优于滑膛炮。由于弹带和膛线合为一体，可保证火药燃气对弹丸有足够的推力，以增大射程和提高射击的密集度。线膛炮的出现是火炮制造技术上的重大突破。

ORLANDO-CLASS
奥兰多级装甲巡洋舰（英国）

■ 简要介绍

奥兰多级是英国皇家海军第一级比较成功的装甲巡洋舰，它的航海性能不错，续航力强，火力适度，并且价格便宜，可以大量建造，为后来大批量建造的各型装甲巡洋舰树立了典范。它载煤 900 吨，可以在 10 节经济航速下达到 1 万海里的航程，堪称那个时代最好的巡洋舰，也是英国皇家海军全球部署、全球保障的实践者。

■ 研制历程

在蛮横级设计和建造时，英国皇家海军在防护巡洋舰方面推出了一个极其成功的设计，在此基础上，英国打造了奥兰多级装甲巡洋舰的母型默西级。默西级建造了 4 艘，经过将其装甲甲板换为水线装甲带、船型稍作扩大而来的奥兰多级装甲巡洋舰却分两个财年批准建造了 7 艘。从此，皇家海军钢制巡洋舰舰队遍布世界海洋的时代拉开了帷幕。

奥兰多级母舰默西级首舰"曙光女神"号于 1886 年 2 月 1 日在彭布罗克造船厂开工，1889 年 7 月服役，1907 年 10 月 2 日出售。

奥兰多级首舰"奥兰多"号于 1885 年 4 月 23 日开工，1886 年 8 月 3 日下水，1888 年 6 月服役，1905 年 7 月 11 日出售。

基本参数	
舰长	91.5米
舰宽	17.07米
吃水	6.86米
排水量	5600吨
航速	17节
续航力	10000海里／10节
舰员编制	484人
动力系统	三胀式往复式蒸汽机

▲ 奥兰多级装甲巡洋舰左侧视图

■ 作战性能

为了降低成本，奥兰多级的排水量只有5600吨，比蛮横级少了将近3000吨，主要是减少了2门234毫米口径主炮。其他主要火力包括两舷一共10门152毫米26倍径炮，布置在后部敞开的炮塔里，位置在两舷副炮群的首尾。此外，它还有6门40倍径6磅炮（口径57毫米）和10门3磅炮（口径47毫米），6部450毫米口径鱼雷发射管（4个在水面上方，1个在船头、1个在水下船尾）。在1895—1897年间，所有奥兰多级巡洋舰都把副炮换成了152毫米口径速射炮。

知识链接 >>

三胀往复式蒸汽机，简称三胀机，是蒸汽在内部经历三次而非一次膨胀做功的蒸汽机。这是一种历史悠久的船用发动机，续航力较强，但是提供的航速较慢、噪声大，较蒸汽轮机而言运行过于颠簸。诸如英国豪华邮轮"泰坦尼克"号等，使用的都是三胀往复式蒸汽机。

▲ 奥兰多级装甲巡洋舰右侧视图

INVINCIBLE-CLASS

无敌级战列巡洋舰（英国）

■ 简要介绍

　　无敌级战列巡洋舰是英国建造的首批战列巡洋舰。这是一种集战列舰的火力与巡洋舰的速度于一体的新型战舰，它可以作为旗舰率领己方侦察分队突破敌方轻型舰艇组成的警戒屏障，遂行强行侦察；作为战列舰队的前锋和后卫，并掩护其侧翼，必要时扩大战果或是掩护支援；率领己方巡洋舰队捕捉和摧毁敌方掉队或零星游弋舰只。无敌级最初归类为装甲巡洋舰，直到 1912 年，为了区别这种新型战舰，被重新定义为无敌级战列巡洋舰。

■ 研制历程

　　1905 年，在英国第一海务大臣约翰·阿巴斯诺特·费舍尔的领导下，英国海军舰艇设计委员会提出了"理想型巡洋舰"的战舰设计方案，设想将战列舰和巡洋舰相结合。同年英国通过了建造 3 艘这种新式战舰的预算。

　　首舰"无敌"号于 1906 年 4 月 2 日在阿姆斯特朗公司阿尔维克船厂开工，1909 年 3 月加入现役。2 号舰"不屈"号于 1906 年 2 月 5 日在布朗公司克莱德本船厂开工，1908 年 10 月服役。3 号舰"不挠"号于 1906 年 3 月 1 日在费尔弗雷德公司高文造船厂开工，1907 年 3 月 16 日下水，1908 年 6 月服役。

基本参数	
舰长	170米
舰宽	23.55米
吃水	7.8米
排水量	17373 吨（标准） 20200吨（满载）
航速	25.5节
舰员编制	784人
动力系统	31台蒸汽锅炉

▲ 无敌级战列巡洋舰挂满旗出访

■ 作战性能

    无敌级战列巡洋舰是一种功能性很强的战舰，具有大口径主炮、高航速、轻装甲的特点。为了追求速度上的优势，它刻意降低了防护能力却造成致命弱点，实战证明在舰队战列对战中，无敌级成了脆弱的目标。它装备有305毫米口径主炮，双联装主炮炮塔4座，舰艏舰艉各1座，中部P、Q部位2座炮塔呈阶梯状布置在舰体两舷。由于防御装甲仅比装甲巡洋舰稍强，不能对抗战列舰级别大口径炮火的攻击且炮塔距离很近，在战斗中易遭贯穿发生殉爆，并引发炮塔弹药库连锁爆炸。

知识链接 >>

    1914年8月，"无敌"号编入战列巡洋舰分舰队，前往赫尔戈兰湾打击德国警戒舰队。1914年12月，以"无敌"号、"不屈"号为骨干的英国舰队在福克兰海战中消灭了德国海军巡洋舰分舰队，充分发挥了战列巡洋舰的优势。1916年5月31日，日德兰海战中，"无敌"号被德舰的炮弹命中，导致弹药库爆炸而沉没。

▲ 无敌级战列巡洋舰

INDEFATIGABLE-CLASS
不倦级战列巡洋舰（英国）

■ 简要介绍

　　不倦级战列巡洋舰是英国海军建造的战列巡洋舰。不倦级在无敌级的基础上改进了设计，舰体中部呈阶梯状布置的 P、Q 炮塔与无敌级相比拉开了距离，分置于中部烟囱的两侧，由于炮塔离上层建筑过近，射界改善并不明显。不倦级战列巡洋舰的锅炉舱也采用分置式，减小连带毁伤效应。同级舰有"不倦"号、"新西兰"号、"澳大利亚"号 3 艘，其中"澳大利亚"号隶属于澳大利亚海军，不过，一战中它接受英国皇家海军的指挥，被编入英国海军作战。

■ 研制历程

　　无敌级战列巡洋舰于1906年陆续开工后，英国海军部认为现有战列巡洋舰的数量难以满足未来作战需要，遂于 1908 年预算中要求再建 3 艘，不倦级战列巡洋舰由此诞生。

　　首舰"不倦"号于 1909 年 2 月 23 日在达文波特海军船厂开工，1911 年 4 月完工。2 号舰"新西兰"号于 1910 年 6 月 20 日在弗拉费德船厂开工，1912 年 11 月完工。3 号舰"澳大利亚"号于 1910 年 6 月在约翰·布朗造船厂开工，1913 年 6 月建成。建成后，英国作为债务偿还的一部分将其转让给澳大利亚，于是 3 号舰成为澳大利亚海军的旗舰。

基本参数	
舰长	179.8米
舰宽	24.4米
吃水	8.1米
排水量	18500吨（标准） 22150吨（满载）
航速	25节
续航力	3140海里/22.8节
舰员编制	850人

▲ 不倦级战列巡洋舰系泊

■ **作战性能**

　　不倦级战列巡洋舰装备有 304 毫米 45 倍径主炮 8 门（双联装炮塔 4 座），16 座单装 102 毫米 50 倍径副炮，3 座 457 毫米水下鱼雷管。装甲厚度方面，其水线装甲带 127 毫米 ~ 152 毫米，甲板 25 毫米 ~ 63 毫米，水密舱隔板 102 毫米，炮座 178 毫米，指挥塔 254 毫米。

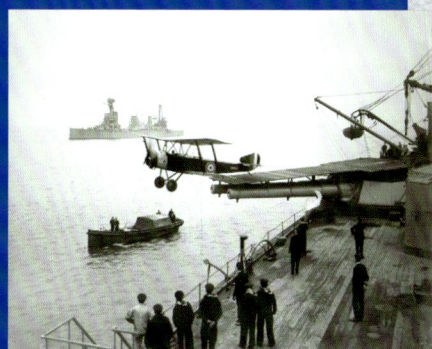

▲ 不倦级战列巡洋舰放飞飞机

知识链接 >>

　　1914 年 7 月，"不倦"号在地中海参加了围捕德国战列巡洋舰"戈本"号的行动；1914 年 11 月 3 日，"不倦"号炮轰达达尼尔海峡堡垒；1915 年 1 月，"不倦"号在马耳他进行改装；1915 年 2 月 20 日，"不倦"号回到本土，重新编入战列巡洋舰分队；1916 年 5 月 31 日，"不倦"号在日德兰海战中被德国"冯·德·坦恩"号战列巡洋舰击沉。

LION-CLASS
狮级战列巡洋舰（英国）

■ 简要介绍

狮级是英国皇家海军为压倒德国同类型战舰而设计的战列巡洋舰。狮级的设计注重速度和火力，忽视了其他必要的改进。本级战列巡洋舰共建造3艘，其中"玛丽女王"号在日德兰海战中被击中主炮炮塔，导致弹药库殉爆而沉没。战争结束后，"狮"号、"皇家公主"号根据1922年签订的《华盛顿海军条约》的规定而拆卸解体。

■ 研制历程

狮级战列巡洋舰共建3艘，首舰"狮"号于1909年9月29日在达文波特海军船厂开工，1910年8月6日下水，1912年5月完工。2号舰"皇家公主"号于1910年5月2日在维克斯船厂开工，1911年4月24日下水，1912年11月完工。3号舰"玛丽女王"号是狮级的改进型，于1911年3月6日在帕尔默船厂开工，1912年3月20日下水，1913年8月完工。

基本参数	
舰长	213.4米
舰宽	27米
吃水	9.3米
排水量	26250吨（标准） 29680吨（满载）
航速	27节
续航力	5610海里/10节 2420海里/24节
舰员编制	997人~1250人
动力系统	42台锅炉

▲ "狮"号是英国皇家海军第一战列巡洋舰分舰队的旗舰，它作为英国海军中将戴维·贝蒂的旗舰，在多格尔沙洲海战和日德兰海战中名扬于世

该级舰由于追求速度导致动力装置占用过多重量，从而防护能力的提升有限。英国海军注意力集中于速度和大口径火炮方面，忽视了其他必要的改进，而且将战列巡洋舰作为舰队机动打击力量加入主力舰队中参加海战，背离了设计战列巡洋舰的主导思想，在舰队行动中遭到了重大损失。

知识链接 >>

第一次世界大战爆发后，狮级战列巡洋舰驻扎在北海海域，它们参加了赫尔戈兰湾海战。此战中，狮级成功击沉了德国"科隆"号轻巡洋舰。赫尔戈兰湾海战结束之后，由于担心德国远东分舰队北上袭击英国在北大西洋上的航运，狮级被抽调前往加拿大海域参加护航。

TIGER

"虎"号战列巡洋舰（英国）

■ 简要介绍

　　"虎"号战列巡洋舰本是英国海军狮级战列巡洋舰预算中的 4 号舰，由于对原设计方案进行了较大的改动，将狮级位于烟囱之间的舯部主炮塔移至第三烟囱之后和机轮舱之间，改善主炮向后方的射界以及炮口爆风对舰体上层建筑的冲击。由于锅炉技术的进步，该战列舰的动力装置也进行了修改，在锅炉数量减少的情况下，输出功率仍然比狮级有明显提高；在排水量提高的情况下，使增强防护成为可能。此外，其水平装甲板有所加强。因为改动较大，所以单独将其划分为一个级别。该舰是英国皇家海军中最后一艘以煤作为主要燃料的大型战舰。在"胡德"号战列巡洋舰服役之前，"虎"号战列巡洋舰是英国皇家海军最大的主力舰。

■ 研制历程

　　"虎"号战列巡洋舰于 1912 年 6 月 20 日在约翰·布朗船厂开工，1913 年 12 月 15 日下水，1914 年 10 月完工，造价 2100000 英镑，服役后配属第一战列巡洋舰分舰队。按照《伦敦海军条约》的规定，该舰于 1932 年退役拆毁。

基本参数	
舰长	214.6米
舰宽	27.6米
吃水	9.3米
排水量	28340吨（标准） 35710吨（满载）
航速	27.5节
续航力	4650海里 / 25节
舰员编制	1120人
动力系统	39台锅炉

▲ 高速行驶中的"虎"号战列巡洋舰

"虎"号战列巡洋舰装备4座双联装共8门343毫米45倍径主炮，12座单装152毫米口径副炮，2座76毫米口径高炮，4座533毫米水下鱼雷管；装甲厚度方面，主装甲带（最厚）229毫米，甲板76毫米，水密舱隔板127毫米，炮塔（正面）229毫米，炮座203毫米，指挥塔254毫米。

"虎"号战列巡洋舰服役后正逢一战，1915年参加了多格尔沙洲海战，1916年参加了日德兰海战，海战中被德舰主炮17发大口径穿甲弹命中，Q、X炮塔被击穿。战争结束后，该舰于1924年开始改为训练舰。

知识链接 >>

日德兰海战，德国称为斯卡格拉克海峡海战，发生于1916年5月31日至6月1日，是英德双方在丹麦日德兰半岛附近北海海域爆发的一场大海战。这是有史以来参战兵力最多、规模最大的海战之一，也是世界战争史上唯一一次双方都宣称自己是胜利者的海战。一般而言，德国取得了战术上的胜利，英国取得了战略上的胜利。

▲ "虎"号战列巡洋舰上的水上飞机

RENOWN-CLASS

声望级战列巡洋舰 （英国）

■ 简要介绍

声望级是英国皇家海军的一级战列巡洋舰，采用长艏楼船型，外飘型舰舷，适航性好，航速高。为了获得更高的航速，其动力装置占用的重量过大，导致防御装甲占用的重量被削减，所以装甲防护水平比较差。其设计主导思想就是针对敌方的巡洋舰舰队，大口径火炮可以在敌舰射程外发起致命打击，高航速可以机动自如地逃避敌人的主力舰。本级舰的设计充分体现了英国海务大臣约翰·阿巴斯诺特·费舍尔的"速度就是最好的防御"的观点。

■ 研制历程

声望级战列巡洋舰共建造 2 艘。首舰"声望"号于 1915 年 1 月 25 日在法尔费德船厂开工，1916 年 3 月 4 日下水，1916 年 9 月完工，造价3117204 英镑，1947 年 3 月被出售拆解。2 号舰"反击"号于 1915 年 1 月 25 日在约翰·布朗船厂开工，1916 年 1 月 8 日下水，1916 年 8 月完工，造价 2829087 英镑，1941 年 12 月 10 日战沉。

▲ 声望级战列巡洋舰编队航行

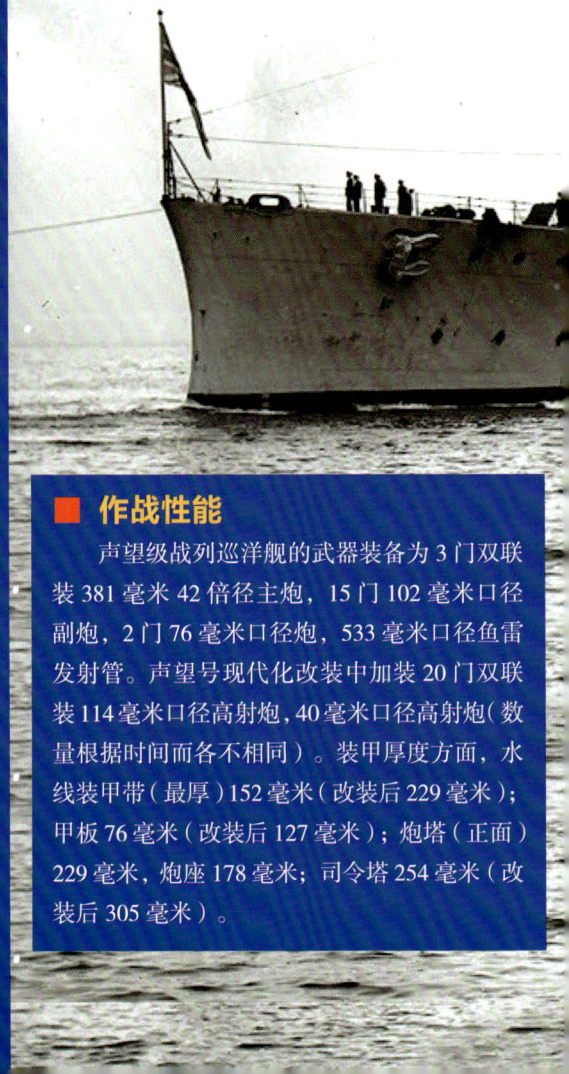

基本参数	
舰长	242米
舰宽	31米
吃水	9.3米
排水量	33725吨（标准） 38950吨（满载）
航速	28节
续航力	9400海里 / 15节
舰员编制	1500人
动力系统	8台锅炉

■ 作战性能

声望级战列巡洋舰的武器装备为 3 门双联装 381 毫米 42 倍径主炮，15 门 102 毫米口径副炮，2 门 76 毫米口径炮，533 毫米口径鱼雷发射管。声望号现代化改装中加装 20 门双联装 114 毫米口径高射炮，40 毫米口径高射炮（数量根据时间而各不相同）。装甲厚度方面，水线装甲带（最厚）152 毫米（改装后 229 毫米）；甲板 76 毫米（改装后 127 毫米）；炮塔（正面）229 毫米，炮座 178 毫米；司令塔 254 毫米（改装后 305 毫米）。

▲ 声望级战列巡洋舰主炮射击

HOOD

"胡德"号战列巡洋舰（英国）

■ 简要介绍

　　"胡德"号是英国皇家海军建造的最后一艘战列巡洋舰，是胡德级（或称海军上将级）战列巡洋舰唯一完工的一艘，是当时世界上最大的军舰。其拥有 4 门双联装 381 毫米主炮和 31 节的航速，被视为英国皇家海军的骄傲。在其服役生涯中多次作为展示英国国威的礼仪舰巡游世界各国，最为著名的是 1923 年 11 月 27 日至 1924 年 9 月 28 日的"巡游"。

■ 研制历程

　　一战期间，1915 年，英国皇家海军获悉德国在建的马肯森级战列巡洋舰，于是计划在 1916 年开工建造 4 艘战列巡洋舰。当时新建的伊丽莎白女王级战列舰航速达到 25 节，所以新的战列巡洋舰航速要求超过 30 节。

　　胡德级计划建造 4 艘，实际完工 1 艘。1916 年 9 月 1 日，"胡德"号在约翰·布朗造船公司开工，1918 年 8 月 22 日下水，1920 年 5 月 5 日完工服役。

基本参数	
舰长	262.3米
舰宽	31.7米
吃水	10.2米
排水量	42037吨（标准） 48000吨（满载）
航速	32.07节
续航力	5950海里/18节
舰员编制	1341人
动力系统	24台锅炉 4台蒸汽涡轮机

▲ "胡德"号战列巡洋舰舰桥

■ 作战性能

"胡德"号战列巡洋舰建成时，设有双联装炮塔4座，共8门381毫米42倍径MKI主炮；单联装炮塔12座，共12门140毫米50倍径BL MKI副炮；单联装炮塔4座，共4门102毫米45倍径QF HA MK III高射炮；水上4具533毫米口径鱼雷发射管，水下2具533毫米口径鱼雷发射管。

1940年3月，"胡德"号再次进行现代化改装，拆除两舷12门副炮，拆除水下防雷装甲设施，重新安装了舰桥，加装了7座双联装102毫米口径高射炮，3座八联装40毫米口径"砰砰"炮，还加装了新设计的5座76毫米口径U.P火箭发射器，这次改装使它减少了1200吨排水量，提高了航行速度。

知识链接 >>

1941年5月24日，"胡德"号与"威尔士亲王"号战列舰一起拦截德国"俾斯麦"号战列舰。"胡德"号的主弹药库和高射炮弹药库本来是不相通的，但其在改装时增加了一条通道，结果在随后的丹麦海峡海战中，被"俾斯麦"号击中了高射炮弹药库，进而通过通道引爆了主弹药库，舰体遂断裂沉没。

▲ "胡德"号战列巡洋舰在船厂维护

YORK-CLASS

约克级重巡洋舰（英国）

■ 简要介绍

约克级重巡洋舰是英国皇家海军最后一级重巡洋舰，是英国一战后第一次对建造的非条约级重巡洋舰的尝试。本级 2 艘"约克"号和"埃克塞特"号的舰体结构略有不同，"埃克塞特"号防护能力更强。"埃克塞特"号是二战中的一代名舰，曾经参加了拉普拉塔河口海战和爪哇海战。

■ 研制历程

受到《华盛顿海军条约》对战列舰建造的限制，于是 10000 吨级装载 203 毫米主炮的巡洋舰成为各国海军补充实力的最佳选择。这类战舰在《伦敦海军条约》里被归为一级巡洋舰，也称重巡洋舰。但是在设计建造约克级时，正值英国国内对削减海军经费呼声最高之时。迫于压力，英国海军部决定建造一级缩水重巡。

约克级是把普通型号重巡洋舰的 4 座 203 毫米炮塔精简成 3 座，由于被严格限定了吨位，所以并不算合格的重型巡洋舰。"约克"号于 1928 年 8 月 1 日在达文波特船厂开工，1929 年 7 月 17 日下水，1931 年 7 月 27 日完工。"埃克塞特"号于 1928 年 8 月 1 日开工，1929 年 7 月 18 日下水，1931 年 7 月 27 日服役。

基本参数	
舰长	175.25米
舰宽	17.4米
吃水	6.17米
排水量	8390吨（标准） 10410吨（满载）
航速	32节
续航力	10000海里 / 26节
舰员编制	630人
动力系统	8台锅炉 4台变速蒸汽机

▲ 约克级重巡洋舰

　　约克级重巡洋舰较为重视防护，将水线附近的装甲提升到76毫米的厚度，但是还是比不上其他国家的巡洋舰的防护水平。主炮采用全新的MK2炮塔，主炮最大仰角仍然是70度，火炮可以在70度的最大角装填弹药，提升了主炮对空作战时效率。

▲ 约克级重巡洋舰

知识链接 >>

　　二战爆发后，"埃克塞特"号与"坎伯兰"号一同组成南美舰队，参与了1939年12月13日的拉普拉塔河口海战，夹击德国袖珍战舰"施佩伯爵海军上将"号重巡洋舰，战斗中被命中，造成主炮故障，被迫撤离战斗。1940年2月至1941年3月，"埃克塞特"号接受维修和改装，后于1942年，在同日本海军作战时被击沉。

南安普敦级轻巡洋舰（英国）

■ 简要介绍

　　南安普敦级轻巡洋舰是英国在二战前建造的最后一级按照 1930 年《伦敦海军条约》设计建造的巡洋舰，是第一种有 2 个机库的英国巡洋舰，外形设计具有浓厚的英国特色。该级舰采用舯楼船型，新设计的主楼比起前几级轻巡显得很宽大。该级舰设计很成功，于二战中表现得十分活跃，在它基础上发展出格罗斯特级和爱丁堡级轻巡洋舰，三者合称城级轻巡洋舰。

■ 研制历程

　　20 世纪 30 年代初，先后出现了日本最上级轻巡洋舰和美国布鲁克林级轻巡洋舰，作为回应，英国开始设计建造 9100 吨级，装备 12 门 152 毫米口径主炮的南安普敦级轻巡洋舰。

　　南安普敦级轻巡洋舰共建造 5 艘，首舰"南安普敦"号于 1937 年 3 月 6 日在约翰·布朗船厂建成，2 号舰"纽卡斯尔"号于 1937 年 3 月 5 日在维克斯-阿姆斯特朗船厂建成，3 号舰"格拉斯哥"号于 1937 年 9 月 9 日在斯科特船厂建成，4 号舰"谢菲尔德"号于 1937 年 8 月 25 日在维克斯-阿姆斯特朗船厂完工，5 号舰"伯明翰"号于 1937 年 11 月 8 日在达文波特船厂建成。

基本参数	
舰长	180.3米
舰宽	19.5米
吃水	6.1米
排水量	9100吨（标准） 11540吨（满载）
航速	32节
续航力	9000海里 / 15节
舰员编制	750人
动力系统	蒸汽涡轮机

▲ 南安普敦级轻巡洋舰主炮

　　南安普敦级轻巡洋舰的设计初衷是要能和吨位大致相同但装备203毫米口径主炮的巡洋舰相抗衡。主炮选择了152毫米口径，这也是20世纪30年代后英国一直坚持的主张。表面上看，203毫米口径主炮具有射程和威力方面的优势，然而事实上英国主张采用152毫米口径主炮的设计有它的优越性，其射程更远；威力方面，虽然炮弹的重量不到203毫米的一半，但是数量优势和高射速却弥补了这一不足。还装备了4座MK XVI型双联装102毫米45倍径副炮，用于对海和防空。该舰雷达设备比较先进，而且不断更新。

▲ 南安普敦级轻巡洋舰

知识链接 >>

　　"南安普敦"号是英国第二巡洋舰队的旗舰。1941年1月11日，该舰参加了"超额"护航行动，护送一支船队前往马耳他。德国战机在向英国舰队发起攻击时将其击中，"南安普敦"号轮机舱被炸，丧失了机动能力并燃起大火，无奈之下，友舰"格罗斯特"号和"奥赖恩"号发射了几枚鱼雷将其击沉。"南安普敦"号成了自沉的军舰。

EDINBURGH

"爱丁堡"号轻巡洋舰（英国）

■ 简要介绍

"爱丁堡"号轻巡洋舰是英国皇家海军的一艘城级轻巡洋舰，也是被称为爱丁堡亚级的最后两艘城级轻巡洋舰中的第一艘。它是一艘非常现代化的战舰，配备了新式的雷达系统和火控系统，能够携带多达3架"海象"式水上飞机用作侦察。它在二战中服役，经历了许多战斗，特别是在北海和北冰洋，1942年在北冰洋被德国潜艇击沉。

■ 研制历程

"爱丁堡"号轻巡洋舰由斯旺亨特与威格姆理查森公司在泰恩河畔的纽卡斯尔造船厂建造，1936年12月30日铺下龙骨，1938年3月31日下水，1939年7月6日服役后立刻被分配到苏格兰斯卡帕湾的皇家海军本土舰队第18巡洋舰分舰队。

基本参数	
舰长	187米
舰宽	19.8米
吃水	6.9米
排水量	10635吨
航速	33节
续航力	8000海里 / 14节
动力系统	4台蒸汽涡轮机 4台三胀式锅炉

▲ 高速航行的"爱丁堡"号

■ 作战性能

　　作为轻巡洋舰，"爱丁堡"号装有强大的武备，包括 12 门 BL（Breech Loading）152 毫米口径 50 倍径 MK XXIII 炮，12 门（后为 8 门）QF（Quick-firing）102 毫米口径高射炮（AA），16 门 QF 41 毫米口径"砰砰"炮，8 挺 12.7 毫米口径维克斯机枪；还装备了 2 座三联装 533 毫米口径鱼雷发射管来增加攻击力。"爱丁堡"号的装甲厚度为主装甲带 124 毫米，最薄处 38 毫米，是英国轻巡洋舰中最厚的。如同战列巡洋舰一样，轻巡洋舰被设计成高航速，足以避免被击中。

▲ 被击中倾覆的"爱丁堡"号

知识链接 >>

　　1942 年 4 月 6 日，"爱丁堡"号离开斯卡帕湾，为前往摩尔曼斯克的 PQ14 运输船队护航，24 艘船中，16 艘被海冰和坏天气逼回冰岛，1 艘被德国潜艇击沉。"爱丁堡"号护送其余 7 艘于 4 月 19 日到达摩尔曼斯克。不久，"爱丁堡"号携带苏联向同盟国军队支付的部分货款——总计 465 块金条分装在 93 个木箱中，不幸被德军潜艇击中后沉没。

LONDON-CLASS
伦敦级重巡洋舰（英国）

■ 简要介绍

伦敦级巡洋舰是英国在二战前夕建造的一级条约型重巡洋舰。总体设计上，延续了肯特级的主要设计风格，采用了高干舷直通型甲板，4座双联装主炮以舰艏艉各2座的方式布置。该级舰舰体舯部的上层建筑从前到后分别为舰桥、3座烟囱和舰载防空武器。从技术指标上来看，伦敦级算不上十分出色，但在二战中却有着出色的表现，在海浪滔天的北大西洋和危机重重的太平洋，都出现过伦敦级巡洋舰浴血奋战的身影。

■ 研制历程

20世纪20年代，世界巡洋舰发展进入一个新的时期。作为世界海军强国，英国在肯特级的基础上，按照1925年造舰计划建造了伦敦级（亦称为郡级第二批）重巡洋舰。

该级舰从1926年开始陆续开工，到1929年下半年全部建造完毕，共建造4艘，按建造时间前后分别是"伦敦"号、"德文郡"号、"苏塞克斯"号和"什罗普郡"号。

基本参数	
舰长	193米
舰宽	20米
吃水	6.6米
排水量	9995吨（标准） 13380吨（满载）
航速	32.5节
续航力	10400海里/11节 2930海里/31节
动力系统	8台锅炉 蒸汽涡轮机

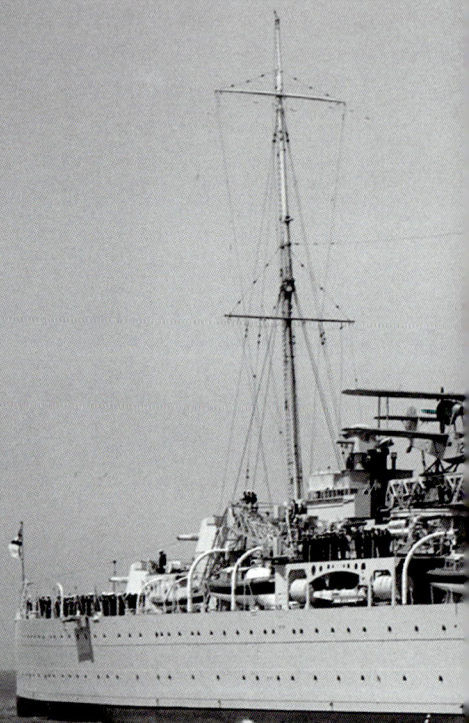

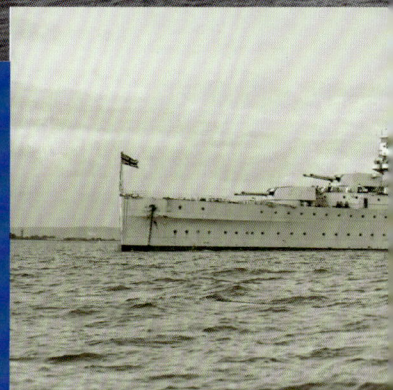

▲ 伦敦级重巡洋舰

伦敦级巡洋舰主炮为 8 门 203.2 毫米 50 倍径 BL MK VIII（除"伦敦"号外，其他同级舰在 1938 年都拆除了 1 座炮塔，为高炮留出空间）；副炮为 4 门 102 毫米 45 倍径 QF HA MK V 炮，后改装为 8 门 102 毫米 45 倍径 QF HA MK XVI 炮；高炮为 12 门 40 倍径 MK II "砰砰"炮（"伦敦"号在 1945 年的改装中增加为 16 门）。8 挺 12.7 毫米 62 倍径高射机枪 MK III，1938 年拆除；8 具 533 毫米口径鱼雷发射管，1938 年拆除。二战期间，伦敦级巡洋舰加装了 1 门高角度指挥仪控制塔、284 / 286 对空搜索雷达、273 型对海搜索雷达、285 型对空火控雷达等；另外，可搭载 2 架"海象"式水上飞机。

知识链接 >>

《华盛顿海军特约》的签订让各大国的战列舰竞赛暂时停歇，巡洋舰特别是重巡洋舰的地位随之提升。原本用于战列舰建造的部分资源也可流向巡洋舰建造。历史上将《华盛顿海军条约》和之后的《伦敦海军条约》有效期内建造的巡洋舰称之为"条约型巡洋舰"。英国条约型巡洋舰的首级舰，就是肯特级重巡洋舰。

HUFFRON-CLASS

絮弗伦级重巡洋舰（法国）

■ 简要介绍

    絮弗伦级重巡洋舰是法国海军第二代条约型重巡洋舰，共4艘，分别以18世纪法国海军名将絮弗伦、迪普莱克斯，17世纪法国海军财政大臣科尔贝尔，陆军名将福煦命名。絮弗伦级重巡洋舰，针对第一型条约型重巡洋舰迪凯纳级装甲薄弱的缺点，对装甲进行了加强。

■ 研制历程

    首舰"絮弗伦"号于1926年4月17日在布雷斯特开工，1927年5月3日下水，1930年1月1日竣工，隶属第一支队。

    2号舰"科尔贝尔"号于1927年6月12日在布雷斯特开工，1928年4月20日下水，1931年3月4日竣工，隶属第一支队。

    3号舰"福煦"号于1928年6月21日在布雷斯特开工，1929年4月24日下水，1931年9月15日竣工，编入第一轻型舰分队。

    4号舰"迪普莱克斯"号于1929年11月14日在布雷斯特开工，1930年10月9日下水，1932年7月20日竣工，编入第三轻型舰分队，1937年4月改为第一巡洋舰分队。

基本参数	
舰长	194米
舰宽	19.2米
吃水	7.44米
排水量	10000吨（标准） 12780吨（满载）
航速	31.3节
续航力	4600海里 / 15节
舰员编制	773人
动力系统	3台涡轮发动机 3台辅助用柴油机 8台混合锅炉

▲ 通过运河的絮弗伦级重巡洋舰

该舰武器装备：1924 年式 203 毫米 50 倍径双联炮塔 4 座，1924 年式 75 毫米 50 倍径单管高炮 8 门（"絮弗伦"号），1926 年式 90 毫米 50 倍径双联高炮（"迪普莱克斯"号，"福煦"号、"科尔贝尔"号为单管），1925 年式 37 毫米口径单管炮 8 门（"絮弗伦"号，其余各舰为 6 门），13.2 毫米口径机枪 16 挺（"迪普莱克斯"号），三联装 550 毫米口径鱼雷发射管 2 具，发射器 2 座，水上侦察机 2 架~3 架。

絮弗伦级重巡洋舰

知识链接 >>

1936 年，西班牙爆发内战，"科尔贝尔"号负责在西班牙沿海执行巡逻任务，防止有武器等禁运物资进入西班牙；1939 年 9 月，参与追捕德国的"舍尔海军上将"号袖珍战列舰；1940 年 6 月 13 日，参与炮击沿海德军阵地；1942 年 11 月 27 日，为防止被德军夺取，在土伦港内自沉。

YOSHINO
"吉野"号防护巡洋舰（日本）

■ 简要介绍

　　"吉野"号防护巡洋舰是英国为日本海军建造的一艘早期巡洋舰。此舰航速较高，配置武器威力强大，曾参与多场战役。1900年5月15日黎明，"吉野"号在浓雾中与"春日"号装甲巡洋舰相撞后沉没。

■ 研制历程

　　19世纪90年代初，日本政府准备向英国购买一艘先进的巡洋舰，但是日本政府的财力不足以购买，为此日本天皇开始筹款，甚至宣布自己一日只吃一餐。日本天皇的话激起民众踊跃捐款，最终募集到的钱甚至可以买3艘"吉野"号。1891年，日本正式向英国提出订购"吉野"号巡洋舰。

　　"吉野"号于1892年1月3日在英国阿姆斯特朗兵工厂开工，同年12月20日下水，1893年9月30日建成，随后日本海军将"吉野"号开回了自己的港口。

基本参数

舰长	109.73米
舰宽	14.22米
吃水	5.18米
排水量	4150吨
航速	23节
舰员编制	360人
动力系统	2台4缸立式往复式蒸汽机 12台燃煤锅炉

■ 作战性能

　　"吉野"号大量装备了大口径速射炮。主炮选用4门英国阿姆斯特朗公司生产的200毫米40倍径速射炮，火炮膛长6096毫米，弹头重45.4千克，初速度为671米/秒，有效射程8600米，射速7发/分，配置8门157毫米40倍径速射炮，膛长4801毫米，弹重18.1千克，初速度为467米/秒，有效射程7000米，形成了密集的舷侧火力。

另外，"吉野"号还有密布军舰各处的22门47毫米口径单管速射炮，5具356毫米口径鱼雷发射管，舰艏水下锋利如刃的撞角，并且配备了19世纪90年代问世的专用火炮测距仪，这意味着"吉野"号火炮的瞄准、测距较以往舰只更为准确、便捷，战力倍增。

知识链接 >>

1894年7月25日，日本联合舰队的"吉野"号、"浪速"号、"秋津洲"号在朝鲜牙山湾口丰岛西南海域与清朝北洋水师的"济远"号、"广乙"号护航编队遭遇并发生了激战。因为日方军舰各方面均优于清朝军舰，战斗呈现一边倒的态势，"济远"号被命中多弹撤退，"广乙"号因伤势过重而搁浅。

TENRYU-CLASS
天龙级轻巡洋舰（日本）

■ 简要介绍

天龙级轻巡洋舰是日本海军最初建造的巡洋舰，是参考英国轻巡洋舰第一级阿瑞莎级轻巡洋舰建造而成的，一战后开始服役。该级2艘舰是日本近代轻巡洋舰的始祖，拥有极为修长的舰体，成为以后日本轻巡洋舰的典范。天龙级轻巡洋舰的航速为33节，堪称当时世界第一的高速巡洋舰。而且，在鱼雷兵器的武装方面，该级舰初次装上了日本海军前所未有的530毫米三联装的鱼雷发射管。后来日本建造的球磨级、长良级、川内级等均是天龙级的改进型。

■ 研制历程

天龙级轻巡洋舰的设计受到当时的海军大国英国的影响，也就是受到了当时英国研制的后来通称为轻巡洋舰的设计的影响。日本原计划建造8艘，但是后来受到美国建造的奥马哈级轻巡洋舰的影响，天龙级只建造了2艘就将建造工作转移到了5000吨级的球磨级轻巡洋舰上。

天龙级两艘舰为"天龙"号与"龙田"号。首舰"天龙"号于1917年5月17日在横须贺海军工厂开工，1918年3月11日下水，1919年11月20日竣工，1942年12月16日战沉。2号舰"龙田"号于1917年7月24在佐世保海军工厂开工，1918年5月29日下水，1919年3月31日竣工，1944年3月13日战沉。

基本参数	
舰长	142.65米
舰宽	12.3米
排水量	3230吨
航速	33节
续航力	5000海里 / 14节

▲ 天龙级轻巡洋舰

■ 作战性能

作为早期轻巡洋舰，天龙级以人力填装的主炮和三联装鱼雷发射管为其主要作战兵器，作战战术为趁夜幕率领驱逐舰接近敌主力舰进行肉搏战，通常作为鱼雷战队旗舰；武器装备具体有 4 门 140 毫米 50 倍径主炮，1 门 80 毫米高角炮，6 门 530 毫米口径鱼雷发射管，48 枚机雷。

二战爆发后，由于过时老旧，天龙级两舰一直未参与到激烈的大战事中，这种现象特别是在美军取得战略上的主动后尤为明显。因此，天龙级轻巡洋舰在二战中发挥作用不大。

知识链接 >>

"天龙"号大多担任警戒巡逻的任务。到太平洋战争爆发时，已服役 22 年的"天龙"号和其姊妹舰"龙田"号构成了轻巡洋舰第 18 战队，先后参加了珊瑚海之战、第一次所罗门海战、第三次所罗门海战。1942 年 12 月 18 日，"天龙"号在马丹港外遭受美军潜艇"大青花鱼"号攻击后沉没。

▲ 天龙级轻巡洋舰

KUMA-CLASS
球磨级轻巡洋舰（日本）

■ 简要介绍

球磨级轻巡洋舰是日本海军继天龙级之后所建造的第一型5000吨级轻巡洋舰，排水量从天龙级的3230吨一跃升到5100吨，航速也从33节提升到36节，成为后来日本海军5000吨轻巡洋舰的参考标准。为了增加航速、减小阻力，球磨级采用了长宽比极大的船身，这使得球磨级看起来十分修长。

■ 研制历程

日本海军在建造完2艘3000吨级轻巡洋舰"天龙"号和"龙田"号之后，马上意识到美军正在建造的奥马哈级轻巡洋舰及英国海军建造的轻巡洋舰C型及D型战斗力远超3000吨，所以日本海军决定建造一型5000吨级的轻巡洋舰。于是，在年度造舰计划中列出9艘新轻巡洋舰的建造设想，其中包括球磨级5艘和改良型长良级6艘中的4艘。

首舰"球磨"号于1918年8月29日在佐世保海军造船厂开工，1919年7月14日下水，1920年8月31日竣工服役，1944年1月11日战沉。5号舰"大井"号于1919年11月24日在神户川崎造船厂开工，1920年7月15日下水，1921年10月3日完工服役，1944年7月19日战沉。

基本参数	
舰长	162.15米
舰宽	14.2米
排水量	5100吨
航速	36节
续航力	5000海里 / 14节

▲ 球磨级轻巡洋舰系泊侧视图

■ 作战性能

球磨级火力为4门140毫米50倍径主炮，2门76毫米高射炮，8具530毫米口径鱼雷发射管。"大井"号、"北上"号两舰改造后成为重雷装舰，拥有空前绝后的40具610毫米口径鱼雷发射管，其设计思路为注重雷击能力，对舰对空能力平平，也不追求与敌主力舰正面决战。

球磨级舰初期可以执行布雷任务，有1号连体机雷36枚，投放轨道2条，现代化改装后撤去；能搭载水上侦察机1架，负责提供侦察、炮火校准；有吴式2号2型弹射器1座，现代化改装后大大提高了航空作业效率。1944年，球磨级加装22号对海雷达1座，大大提高了观察与拦截能力。

知识链接 >>

太平洋战争爆发之后，"球磨"号参加了菲律宾攻略战，主要任务为攻击菲律宾北部基地，并负责荷属东印度群岛攻略的输送任务。1944年1月11日上午11时，"球磨"号在马来半岛槟榔屿以西18海里处担任航空部队的训练目标舰，不料被英军潜艇发现并被其发射的"扇贝"号鱼雷击中后沉没。

▲ 球磨级轻巡洋舰

NAGARA-CLASS
长良级轻巡洋舰（日本）

■ 简要介绍

长良级轻巡洋舰是 1920 年日本海军扩军时期的产物，是第一个装备日本著名的 610 毫米口径四联装鱼雷发射管并发射长矛型鱼雷的舰艇。本级 6 艘舰建成后经过现代化改装，都参加了二战，最后全部战沉。

■ 研制历程

长良级轻巡洋舰是 1920 年日本海军扩军时期的产物，共建造了 6 艘。

首舰"长良"号于 1920 年 9 月 9 日在佐世保海军造船厂开工，1921 年 4 月 25 日下水，1922 年 4 月 21 日竣工。2 号舰"五十铃"号于 1920 年 8 月 10 日在浦贺造船厂开工，1921 年 10 月 29 日下水，1923 年 8 月 15 日竣工。

3 号舰"由良"号于 1921 年 5 月 21 日在佐世保海军造船厂开工，1922 年 2 月 15 日下水，1923 年 3 月 20 日竣工。4 号舰"名取"号于 1920 年 12 月 14 日在三菱长崎造船厂开工，1922 年 2 月 16 日下水，1923 年 9 月 15 日竣工。

5 号舰"鬼怒"号于 1921 年 1 月 17 日在神户川崎造船厂开工，1922 年 5 月 29 日下水，1922 年 11 月 10 日竣工。6 号舰"阿武隈"号于 1921 年 12 月 8 日在浦贺造船厂开工，1923 年 3 月 16 日下水，1925 年 5 月 26 日竣工。

基本参数	
舰长	162.15米
舰宽	14.2米
排水量	5170吨（标准） 5570吨（满载）
航速	36节
续航力	5000海里 / 14节
舰员编制	438人

▲ 1943 年 12 月 5 日，在夸贾林环礁遭到美军舰载机轰炸的"长良"号

■ 作战性能

　　"长良"号武器装备为 7 门 140 毫米口径主炮，2 门 76 毫米口径高射炮，36 座 25 毫米口径双联装高射机炮，6 挺 13 毫米口径双联装高射机枪，8 具 610 毫米口径四联装鱼雷发射管（发射长矛型鱼雷），1 架固定翼水上侦察飞机，滑行台 1 座，后改为弹射机 1 座。

▲ 1936 年 9 月，行动中的"长良"号

知识链接 >>

　　在 1942 年 6 月的中途岛海战中，当联合舰队航空母舰"赤城"号被击沉后，"长良"号便被作为旗舰。1943 年 2 月后，"长良"号开始负责运输任务，同年 7 月 15 日在新爱尔兰岛卡比延近海触雷而受损，返回本土修理。1944 年 6 月起，该舰奉命向冲绳岛多次运送陆军防御部队，同年 8 月 7 日遭到美军潜舰"鸣鱼"号的鱼雷攻击，起火爆炸，最终沉没。

YUBARI-CLASS
夕张级轻巡洋舰（日本）

■ 简要介绍

夕张级轻巡洋舰是日本海军于 1923 年建成的一种现代化轻巡洋舰，只建了一艘。该级舰为日本建造新型舰的实验舰，在较小的船体里安装了强大的武备和主机，奠定了日本重巡洋舰设计的基本思路。正是由于"夕张"号的成功，设计师平贺让提出将"'八八舰队'辅助舰艇建造案"中的 8 艘 5500 吨级轻巡洋舰全部建造成与夕张级类似的小型化巡洋舰。夕张级轻巡洋舰的出现是日本建造现代化巡洋舰的真正开端。

■ 研制历程

夕张级巡洋舰仅有 1 艘，即"夕张"号。由日本当时最著名的海军设计师——平贺让领导设计，海军要求其拥有 5500 吨级球磨型同等战力。"夕张"号的建造除实现了节约建造费的要求外，同时在设计上减少了可能受到限制的重量。实质上，"夕张"号与 5500 吨级舰艇拥有相似的性能，这些特点使其成为举世瞩目的现代化巡洋舰。

"夕张"号于 1922 年 6 月 5 日在佐世保海军工厂动工，1923 年 3 月 5 日下水，当年 7 月 31 日竣工，1944 年 4 月 27 日战沉。

基本参数	
舰长	138.9米
舰宽	12米
吃水	3.6米
排水量	2890吨（标准） 3141吨（满载）
航速	35.5节
续航力	3310海里 / 14节
舰员编制	328人
动力系统	3台蒸汽轮机 6台大型重油专烧锅炉 2台小型重油专烧锅炉

▲ 夕张级轻巡洋舰

夕张级轻巡洋舰的火力为 2 座双联装、2 座单装 140 毫米 50 倍径炮，1 座单装 76 毫米 40 倍径高炮，2 挺 7.7 毫米机枪；改装后为 2 座双联装 140 毫米 50 倍径炮，1 座单装 120 毫米 45 倍径高炮，3 座三联装、4 座双联装、8 座单装九六式 25 毫米口径高炮。该级舰另有 2 具双联装 610 毫米口径鱼雷发射管，配鱼雷 8 枚；1 条水雷轨，配 1 号水雷 48 颗，2 条滑轨，36 枚深弹。防护方面：舷侧厚 58 毫米，甲板厚 28 毫米，炮塔厚 25 毫米。

知识链接 >>

平贺让（1878—1943）是"大和"号战列舰的主设计师之一。他性格孤高，不喜谈笑，被认为是坚定的正统"英国流"设计师，在工作中经常顽固坚持所谓"古典主义"的设计，主持设计了长门级和加贺级战列舰、天城级战列巡洋舰，以及古鹰级、夕张级、青叶级、高雄级等各型巡洋舰。

FURUTAKA-CLASS
古鹰级重巡洋舰（日本）

■ 简要介绍

古鹰级重巡洋舰是日本海军建造的首级重巡洋舰，为著名的夕张级轻巡洋舰的后继舰，是日本海军在《华盛顿海军条约》签订之后建造的最早装备 200 毫米口径主炮的巡洋舰。它在有限的排水量限制下追求火力和航速方面的优势，但是装甲比较薄弱。古鹰级后续舰经过大幅改进，成为青叶级。

■ 研制历程

日本在《华盛顿海军条约》签订之前批准了建造 2 艘 7000 吨级巡洋舰的预算计划，此即古鹰级重巡洋舰。由"日本造舰之神"平贺让主持设计。

古鹰级共建造 2 艘，分别为"古鹰"号、"加古"号。首舰"古鹰"号于 1922 年 12 月 5 日在三菱长崎造船厂开工，1925 年 2 月 25 日下水，1926 年 3 月 31 日完工，1937 年 4 月 30 日完成现代化改装，1942 年 11 月 12 日战沉。

2 号舰"加古"号于 1922 年 11 月 17 日在神户川崎造船厂开工，1925 年 4 月 10 日下水，1926 年 7 月 20 日完工，1937 年 12 月 27 日完成现代化改装，1942 年 8 月 10 日战沉。

基本参数	
舰长	185.166米
舰宽	16.55米~16.926米
吃水	5.56米~5.61米
排水量	9544吨（新造） 10507吨（改装工程后）
航速	32.95节~34.6节
舰员编制	627人~639人
动力系统	10台重油锅炉 2台油煤混烧锅炉 4台蒸汽涡轮发动机

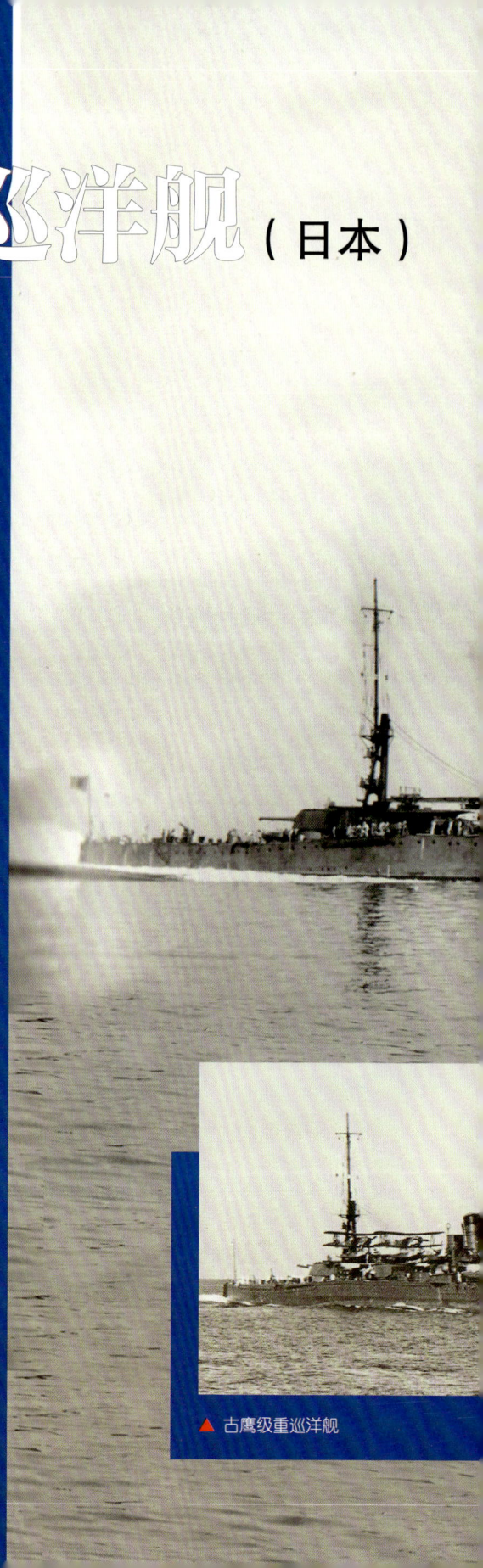

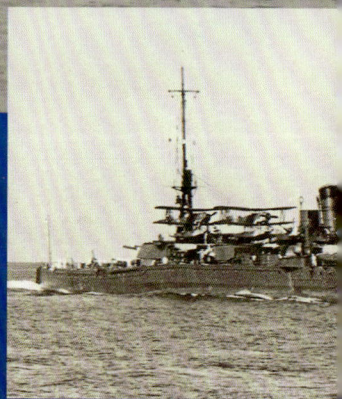

▲ 古鹰级重巡洋舰

■ 作战性能

　　古鹰级为了超越其他国家海军的轻巡洋舰，装备了200毫米口径双联装炮。古鹰级的炮塔配置极具特色，在舰体的中心线上前后各3门200毫米口径单装炮，分别呈"品"字形配置在前后部甲板上；另装备12门610毫米口径鱼雷发射管，在中甲板两侧舷各装3具双联装固定式发射管，在4号炮塔处安装1条斜坡状的滑行轨道，用于舰载飞机起飞。

　　1937年，古鹰级重巡洋舰进行了现代化改装，首先是将主炮口径由200毫米增大到203毫米，其次鱼雷发射管减少了4门，舰内固定式则改为上甲板回旋式2具四联装鱼雷发射管；强化对空火力，增加了弹射器以及搭载1架~2架水上侦察机，更新了指挥设备。

知识链接 >>

　　中途岛海战后，1942年8月9日午夜，在瓜达尔卡纳尔岛海域，古鹰级两舰及其友舰重创美军舰船，次日，"加古"号便被美军潜艇击沉。1942年11月11日午夜，日本舰队计划趁夜炮击瓜达尔卡纳尔岛上的美军机场，美军舰队却依靠雷达的优势集中火力炮击日舰，"古鹰"号遭美军战机多次攻击，舰上起火，于次日沉没。

青叶级重巡洋舰（日本）

■ 简要介绍

青叶级重巡洋舰是日本海军建造的重巡洋舰。这级重巡洋舰是在《华盛顿海军条约》签订之后第一型装备 200 毫米口径主炮的古鹰级重巡洋舰的改进型，是"八八舰队"造舰计划中的 8000 吨级侦察巡洋舰。青叶级与古鹰级设计基本相同，在舰形、结构等方面相似，力图在有限舰艇吨位下尽可能确保火力以及航速方面的优势，是最早配置弹射器的日本军舰。本级舰共 2 艘，在太平洋战争中全部战沉。

■ 研制历程

1922 年，日本海军率先开始建造 2 艘古鹰级。后续舰设计经过大幅改进，于 1922 年7 月批准建造 2 艘古鹰级改进型——"青叶"号与"衣笠"号。

首舰"青叶"号于 1924 年 1 月 23 日在三菱长崎造船厂开工，1926 年 9 月 25 日下水，1927 年 9 月 20 日完工，1937 年 10 月完成现代化改装，1945 年 7 月 28 日战沉。

2 号舰"衣笠"号于 1924 年 10 月 24 日在神户川崎造船厂开工，1926 年 10 月 24 日下水，1927 年 9 月 30 日完工，1940 年 10 月完成现代化改装，1942 年 11 月 14 日战沉。

基本参数	
舰长	183.7米
舰宽	16.93米
排水量	9100吨（标准） 10822吨（满载）
航速	33.4节
续航力	8200海里 / 14节
舰员编制	657人
动力系统	12台专烧锅炉 4台主机

▲ 青叶级重巡洋舰

■ 作战性能

　　青叶级重巡洋舰初期装备6门200毫米50倍径主炮；4门120毫米45倍径高平两用炮；2挺12.7毫米口径高射机枪；12门双联装610毫米口径鱼雷发射管。改装后装备6门双联装203毫米50倍径主炮；4门120毫米45倍径高平两用炮；8门双联装25毫米口径高射炮（"青叶"号1944年装42门），4挺双联装12.7毫米口径高射机枪；8门四联装610毫米口径鱼雷发射管。装甲方面，舷侧水线主装甲带厚76毫米，装甲甲板厚32毫米～35毫米，主炮炮塔25毫米。可舰载水上侦察机2架。

知识链接 >>

　　太平洋战争前，青叶级与古鹰级重巡洋舰均被编入第六战队，"青叶"号当时是旗舰。太平洋战争初期，青叶级参加了进攻关岛及威克岛的作战。1942年5月，青叶级参加了珊瑚海海战，6月被编为中途岛作战的支援部队。中途岛海战后，青叶级与古鹰级4舰均被编入第八舰队。1942年8月7日，青叶级参加登陆瓜达尔卡纳尔岛之战。

MYOKO-CLASS
妙高级重巡洋舰（日本）

■ 简要介绍

妙高级重巡洋舰是 20 世纪 20 年代日本海军建造的重巡洋舰，是日本海军在《华盛顿海军条约》后，针对所谓的 1 万吨排水量门槛所发展的条约型重巡洋舰。它在限定舰艇吨位的情况下尽可能确保火力以及航速方面的优势，以其强大的火力受到海军列强瞩目，英国海军甚至打算交换妙高级的设计资料。妙高级的设计也影响了后来日本海军重巡洋舰设计，成为后续日本海军重巡洋舰的设计样本。

■ 研制历程

1922 年 7 月 3 日，妙高级重巡洋舰的造舰计划出炉，设计师为设计古鹰级的平贺让造船少将。该级舰 4 艘，分别为"妙高"号、"那智"号、"羽黑"号和"足柄"号。

"妙高"号于 1924 年 10 月 25 日在横须贺海军工厂开工，1929 年 7 月 31 日竣工。"那智"号于 1924 年 11 月 26 日在吴海军工厂开工，1928 年 11 月 26 日竣工。"羽黑"号于 1925 年 3 月 16 日在三菱长崎造船厂开工，1929 年 4 月 25 日竣工。"足柄"号于 1925 年 4 月 11 日在川崎重工神户船厂开工，1929 年 8 月 20 日竣工。

基本参数	
舰长	203.76米
舰宽	19米
吃水	1.86米
排水量	10902吨（标准） 13551吨（满载）
航速	35.5节
续航力	7000海里 / 14节
舰员编制	704人
动力系统	4台蒸汽轮机 12台重油锅炉

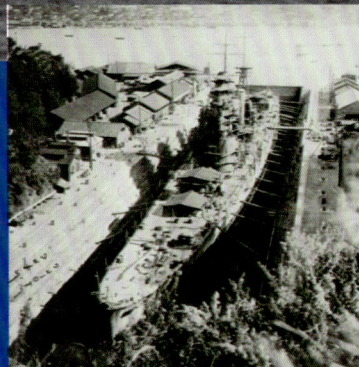

▲ 1928 年，正在三菱长崎造船厂内建设的"羽黑"号

■ 作战性能

妙高级装备 5 座双联装 200 毫米口径主炮炮塔。炮塔防护甲板外侧安装薄钢板，与防护甲板之间留有空隙，避免受阳光照射导致炮塔内温度过高。舰内装 6 具双联装 610 毫米口径鱼雷发射管。在后桅与后部第四主炮塔之间上甲板设置水上侦察机弹射器。

妙高级于 1931 年开始进行改装，将主炮口径由 200 毫米增大到 203 毫米；在 1935 年到 1940 年期间进行了两次大的改装，改进了鱼雷发射装置，加装了高射炮增强防空火力，对舰体进行加固，安装新型火控设施。太平洋战争后期，妙高级为抗击美军空袭，加强了防空火力，并在后桅顶部加装了 13 号雷达。

▲ 下水时的妙高级重巡洋舰

知识链接 >>

1941 年 12 月，"妙高"号参与对菲律宾的侵略战争。1942 年 1 月 4 日，"妙高"号遭到美军空袭，严重受创。1942 年 3 月 1 日，"妙高"号与"足柄"号前往爪哇，支援追击同盟国舰队的"那智"号、"羽黑"号，最终击沉同盟国 3 艘巡洋舰、3 艘驱逐舰。1942 年 5 月 1 日，"妙高"号与"羽黑"号参与珊瑚海海战。太平洋战争中，该级舰全部战沉。

TAKAO-CLASS
高雄级重巡洋舰（日本）

■ 简要介绍

高雄级重巡洋舰是 20 世纪 20 年代至 30 年代日本海军建造的一级新式重巡洋舰，是日本继妙高级重巡洋舰之后建造的一型万吨级重巡洋舰，是根据《华盛顿海军条约》的规定设计建造的巡洋舰（俗称条约型重巡洋舰）。高雄级重巡洋舰是当时世界上最强大的巡洋舰之一。在太平洋战争中，此级 4 艘舰全部战沉。

■ 研制历程

高雄级重巡洋舰共建造 4 艘，分别为"高雄"号、"爱宕"号、"摩耶"号、"鸟海"号，由日本海军造船军官藤本喜久雄主持设计。

"高雄"号于 1927 年 4 月 28 日在横须贺海军造船厂开工，1932 年 5 月 31 日完工，1938 年进行大改装。"爱宕"号于 1927 年 4 月 28 日在吴海军工厂开工，1932 年 3 月 30 日完工，1939 年 4 月 9 日完成大改装。"摩耶"号于 1928 年 12 月 4 日在神户川崎造船厂开工，1932 年 6 月 30 日完工，1944 年 4 月完成大改装。"鸟海"号于 1928 年 3 月 26 日在三菱长崎造船厂开工，1932 年 6 月 30 日完工。

基本参数	
舰长	203.76米
舰宽	19米
吃水	6.11米
排水量	11490吨（标准） 12781吨（满载）
航速	35.5
续航力	8000海里/14节 5050海里/18节
舰员编制	900人
动力系统	12台重油专烧锅炉 4台蒸汽涡轮机

▲ 高雄级重巡洋舰"鸟海"号

作战性能

　　高雄级是在妙高级的基础上改进设计的，其基本规格、性能及武器配置与妙高级差不多。与妙高级最显著的区别是，高雄级采用更大的城堡般的舰桥结构，其舰桥结构体积是妙高级的3倍，因为要容纳更复杂的指挥设施以及舰队旗舰设施，所以拥有更强的舰队指挥能力。高雄级安装了新式10门双联装203毫米口径主炮，使用九一式穿甲弹。装备8具双联装610毫米口径鱼雷发射管。相对于妙高级还加强了防御装甲，加强了弹药库防护，可抵御203毫米口径炮弹。

知识链接 >>

　　1944年10月莱特湾海战中，"爱宕"号为旗舰，23日晨离开文莱基地，航行至巴拉望岛水域，3艘高雄级巡洋舰遭到2艘美国潜艇攻击，旗舰"爱宕"号被命中4枚鱼雷后沉没。"高雄"号被美军潜艇"海鲫"号发射的2枚鱼雷重创。1945年7月31日，停泊在新加坡的"高雄"号遭到英国袖珍潜艇攻击受伤，丧失了出海作战的能力。

MOGAMI-CLASS

最上级重巡洋舰（日本）

■ 简要介绍

　　最上级重巡洋舰是日本海军建造的一级重巡洋舰。该舰建造时，日本为了规避《伦敦海军条约》规定的重巡洋舰总吨位的限制，对外宣称是轻巡洋舰，但设计时是按照可迅速升级为重巡洋舰的标准，实际在设计中即考虑到换装 203 毫米口径主炮的需要，预留了空间。该级舰在西方被称为"惊人的违约舰"。本级 4 舰全部在太平洋战争中战沉。

■ 研制历程

　　1931 年，日本海军在"第一次舰艇补充计划"中列入 4 艘 8500 吨级和 2 艘 8450 吨级大型轻巡洋舰，但只有前 4 艘获得批准。按照轻巡洋舰统一命名的规则（以河流取名），4 艘舰分别命名为"最上"号、"三隈"号、"铃谷"号、"熊野"号。

　　首舰"最上"号于 1931 年 10 月 27 日在吴海军工厂开工，1935 年 7 月 28 日竣工，1939 年开始改装主炮工程，1942 年 9 月在佐世保海军工厂开始进行大改装，改装成航空巡洋舰。

　　末舰"熊野"号于 1934 年 4 月 5 日在神户川崎造船厂开工，1937 年 10 月 31 日竣工，1939 年开始改装主炮工程。

基本参数	
舰长	200.6米
舰宽	20.6米
吃水	6.15米
排水量	11200吨
航速	35节
续航力	8000海里 / 14节
舰员编制	950人
动力系统	4台蒸汽轮机 8台重油锅炉

▲ 最上级重巡洋舰

■ 作战性能

　　最上级巡洋舰表面上装备了5座155毫米口径三联装炮塔，实际上，该炮塔单重与203毫米口径双联装炮塔相当，一旦条约失效，可随时更换为203毫米主炮，使之成为重巡洋舰。1937年，4艘最上级的主炮统一更换为5座双联装203毫米口径炮，这样一直拖延到1938年方告完成，当时标准排水量已经高达12200吨，高雄级巨大舰桥的缺陷，在最上级上大大缩小。此外，最上级巡洋舰还拥有强大的航空设备，可以搭载3架水上侦察机。

知识链接 >>

　　在太平洋战争爆发时，最上级4艘组成了第七战队，参加了马来半岛攻略作战和巴达维亚海战，随后，最上级第七战队转向印度洋，从事商船破坏战。1942年2月25日，第七战队奉命掩护进攻爪哇岛的登陆部队。在2月28日的巴达维亚海战中，最上级4艘击沉了美国"休斯敦"号重巡洋舰和澳大利亚"珀斯"号轻巡洋舰。

利根级重巡洋舰（日本）

■ 简要介绍

　　利根级重巡洋舰是日本海军20世纪30年代建造的一型重巡洋舰，是在太平洋战争爆发前日本海军建成的最后一型重巡洋舰，是最上级巡洋舰的后续舰，与最上级一样，实际标准排水量大大超出了原计划，也超出条约的限制。在太平洋战争中的大多数时间里，利根级被编入到航空母舰编队参加作战行动。本级两舰在太平洋战争中全部战沉。

■ 研制历程

　　在《伦敦海军条约》的限制下，1932年，日本提出新的巡洋舰建造计划。利根级是按轻巡洋舰设计的，但在开工建造时，日本海军要求增加利根级的水上侦察飞机搭载能力。1936年，日本退出限制海军军备的谈判，无条约时代来临，利根级对原设计进行了重大修改。

　　利根级共2舰，首舰"利根"号于1934年12月1日在三菱长崎造船厂建造开工，1937年11月21日下水，1938年11月20日竣工。2号舰"筑摩"号于1935年10月1日在三菱长崎造船厂开工，1938年3月19日下水，1939年5月20日完工。

基本参数	
舰长	201.6米
舰宽	19.4米
吃水	6.23米
排水量	11213吨
航速	35.5节
续航力	9270海里 / 18节
舰员编制	874人
动力系统	4台蒸汽轮机 8台重油专烧锅炉

▲ 1945年7月29日，"利根"号在江田岛受空袭，船体坐沉

利根级能搭载6架水上飞机，数量比以往的重巡洋舰多一倍。该舰有突出的航空能力，可携带5架零式水上侦察机，因此更适合作为舰队的侦察舰。

利根级上尽量增加了主炮的数量，其主炮排列方式很奇特，4座双联装203毫米口径主炮全部在舰桥的前方，只有前2座的炮塔对着前方，另2座指向舰桥方向。船尾没有安装主炮塔，代之以防空高炮和水上飞机甲板。

知识链接 >>

1944年10月，在莱特湾海战中，"利根"号、"筑摩"号被编入粟田健男中将指挥的舰队。在美军舰艇和飞机的攻击下，日本舰队纷纷受创，最终撤走。"筑摩"号舰艉被美军飞机投下的鱼雷击中，无法航行而自沉。"利根"号也受了重创，无力出战。

1945年7月24日，同盟国空军空袭吴军港，"利根"被命中4弹坐沉海底，战后被美军打捞，于1947年拆毁，舰身材料用于战后重建。

OYODO-CLASS

大淀级轻巡洋舰（日本）

■ 简要介绍

大淀级是日本海军阿贺野级轻巡洋舰的改进增强型，由于潜艇自身的远程侦察能力和通信能力都有限，于是大淀级设计目标是能担当潜艇及飞机攻击的旗舰。它不仅具有旗舰的舰桥设施，高耸的桅杆，强大的通信能力，而且还具备极为强大的索敌能力。大淀级并不强调雷击能力，它是日本海军重巡洋舰以下难得一见的未搭载鱼雷发射管的舰只。

■ 研制历程

日本海军为了弥补从大正时代到昭和时代以来，轻巡洋舰兵力不足的缺陷，在1939年军备充实计划中安排建造6艘新型的轻巡洋舰，其中4艘是水雷战队旗舰阿贺野级，2艘是潜水战队旗舰大淀级，但实际只建成1艘。

"大淀"号于1941年2月14日在吴海军工厂开工，1942年4月2日下水，1943年2月28日完工，1945年7月24日战沉。

基本参数	
舰长	192米
舰宽	16.6米
排水量	8168吨
航速	35节
续航力	8700海里 / 18节

▲ 1948年，拆毁的大淀级轻巡洋舰

■ 作战性能

　　大淀级轻巡洋舰采用飞剪艏方形艉平甲板设计，舰艉设有 45 米长的强力弹射器，弹射专门的"紫云"高速侦察机，后来改为新型弹射器，大量增加防空炮火，使 25 毫米口径机炮达到 52 门之多。另外由于不重视对舰能力，所以主炮采用了从最上级轻巡上淘汰下来的 155 毫米口径三联装主炮，只装备了 2 座。其动力输出超过阿贺野级，具备更高的航速。防空炮为九八式 100 毫米 65 倍径高炮。这种新型高射炮是日本海军中性能最佳的一种。大淀级身为潜水战队旗舰，虽然舍弃了雷击能力和较强的炮击力，在防空能力上却不输任何一艘日本巡洋舰。

▲ 1945 年，沉没的大淀级轻巡洋舰

知识链接 >>

　　1944 年 5 月，日本大量战列舰相继被击沉，"大淀"号因拥有强大通信能力而被日本海军格外看中，担任联合舰队的旗舰。但是没过多久，"大淀"号在 1945 年 3 月 19 日的吴港大空袭中遭重创燃烧，虽然免于沉没，却在 7 月 24 日、28 日的吴港空袭中翻覆，以此姿态迎来了战争的结束。"大淀"号在战后被捞起，于 1947 年 8 月 1 日拆毁解体。

ZARA-CLASS
扎拉级重巡洋舰（意大利）

■ 简要介绍

扎拉级是意大利海军的一级重巡洋舰。作为舰队主力舰的扎拉级拥有超乎一般条约型巡洋舰的重型装甲，因此与法国海军的阿尔及利亚级重型巡洋舰并列"防护最佳的条约型巡洋舰"。其装甲总吨位达到 2700 吨，超过阿尔及利亚级的 2035 吨，因此一度被意大利海军称为"装甲巡洋舰"。

■ 研制历程

扎拉级一共建造了 4 艘，首舰"扎拉"号于 1929 年 7 月 4 日在奥托集团拉斯佩奇亚船厂开工，1931 年 10 月 20 日完工。"阜姆"号于 1929 年 4 月 29 日在里雅斯特市的里雅斯特技术公司开工，1931 年 11 月 23 日完工。"戈里奇亚"号于 1930 年 3 月 17 日在奥托集团奥兰多船厂开工，1931 年 12 月 23 日完工。"波拉"号于 1931 年 3 月 17 日在奥托集团奥兰多船厂开工，1932 年 12 月 21 日完工。

基本参数	
舰长	182.8米
舰宽	20.6米
吃水	6.2米
排水量	11508吨（标准） 14168吨（满载）
航速	32节
续航力	3200海里 / 25节 5230海里 / 16节
舰员编制	841人
动力系统	8台锅炉 2台蒸汽轮机

▶ 停泊于那不勒斯湾，准备迎接检阅的扎拉级重巡洋舰。左起："戈里奇亚"号、"波拉"号、"扎拉"号、"阜姆"号

■ 作战性能

　　扎拉级重巡洋舰装备了 8 门安萨尔多 1927 式 203 毫米主炮，分别安装在 4 座双联装炮塔内；副炮为 16 门奥托 1927 式 100 毫米 47 倍径高射炮，安装在 8 座双联装炮塔内；轻型防空武器为 6 座双联装 37 毫米 54 倍径高射炮。另有 4 挺单管 12.7 毫米口径机枪；在前桅顶部设置主炮射控室，安装了一对 5 米测距仪；后部测距仪塔上设置有 1 座备用 5 米测距仪。为了夜间作战需要，分别在航海舰桥顶部两侧和后烟囱后部中段两侧安装了 1 座探照灯。该级始终未能安装雷达设备是其重要弱点，也导致了在战争中整个分队的悲剧。

知识链接 >>

　　1941 年 3 月 28—29 日，在马塔潘角海战中，"波拉"号、"阜姆"号和"扎拉"号被英军击沉。仅存的"戈里奇亚"号在同年 8 月和 9 月参与了阻截英军的"肉馅行动"和"战戟行动"，同时掩护北非的交通线。1943 年 9 月 9 日，该舰因意大利政府向同盟国军队投降而被德军占有。1944 年 6 月 26 日，英国和意大利组成的联合特战队潜入拉斯佩齐亚，将其炸沉。

VENETO-CLASS

维内托级导弹巡洋舰（意大利）

■ 简要介绍

　　维内托级导弹巡洋舰是二战后意大利建造的一级巡洋舰，只建造了1艘。其设计与性能较好，与同时代的苏联莫斯科级直升机母舰齐名，整体设计效果甚至比莫斯科级还要好，被认为是巡洋舰与载机舰合二为一的杰作。现代舰艇讲究具备全方位攻击能力，维内托级导弹巡洋舰不但对空、对岸、对舰、对潜作战样样拿手，而且都有致命的武器。

■ 研制历程

　　进入20世纪60年代后，美、苏海军装备发展方向各自确定，美国以建造大型航母及编队用大、中型作战舰艇为主，苏联以发展水下力量和大型对舰作战舰艇为主，对付美国航母。意大利海军则将建造能装载更多直升机，以反潜作战为主的大型舰定为意大利海军新的发展方向。于是维内托级导弹巡洋舰应运而生。

　　维内托级导弹巡洋舰仅建了1艘，即"维托里奥·维内托"号，由意大利造船集团建造，于1965年6月10日动工，1967年2月5日下水，1969年7月12日服役，1981—1984年间进行过更新升级。

基本参数	
舰长	179.6米
舰宽	19.4米
吃水	6米
排水量	7500吨（标准） 9500吨（满载）
航速	32节
续航力	5000海里 / 17节
舰员编制	557人
动力系统	4台锅炉 2台汽轮机

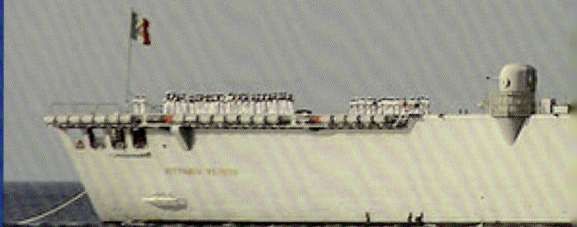

▲ 从后面看维内托级导弹巡洋舰有非常宽大的后甲板，可载6架 AB-212 反潜直升机或4架"海王"直升机

■ 作战性能

维内托级导弹巡洋舰装备双联装"紫菀"防空导弹，"标准一型"中程防空导弹，"奥托马特"舰舰导弹4座及"霍尼威尔"反潜导弹发射器。炮火方面：采用"奥托·梅莱拉"76毫米口径主炮，6座40毫米口径三联装近防炮。反潜方面：采用SANGAMO SQS 23G型舰艇声呐，6具324毫米口径反潜鱼雷发射管，舰载6架AB-212反潜直升机或4架"海王"直升机。雷达方面：对空搜索用SPS 52C三坐标，对海搜索用SMA SPS 702，导航用SMA SPS 748等。电子支援/干扰方面：用UAA-1截取，SLQ-2 B/C干扰。

▲ 维内托级导弹巡洋舰

知识链接 >>

"紫菀"防空导弹是法国、意大利合作开发的面对空导弹族系（FSAF）使用的导弹，性能十分优越，共发展出两种不同任务的衍生型——"紫菀-15"短程防空导弹与"紫菀-30"区域防空导弹，采用垂直发射系统，可部署于舰上或地面移动车辆上。

图书在版编目（CIP）数据

战列舰与巡洋舰 / 陈泽安编著 . — 沈阳 : 辽宁美
术出版社 , 2022.3
（军迷·武器爱好者丛书）
ISBN 978-7-5314-9124-8

Ⅰ . ①战… Ⅱ . ①陈… Ⅲ . ①战列舰—世界—通俗读
物②巡洋舰—世界—通俗读物 Ⅳ . ① E925.61-49
② E925.62-49

中国版本图书馆 CIP 数据核字 (2021) 第 256720 号

出 版 者：辽宁美术出版社
地　　　址：沈阳市和平区民族北街29号　邮编：110001
发 行 者：辽宁美术出版社
印 刷 者：汇昌印刷（天津）有限公司
开　　　本：889mm×1194mm　1/16
印　　　张：14
字　　　数：220千字
出版时间：2022年3月第1版
印刷时间：2022年3月第1次印刷
责任编辑：张　玥
版式设计：吕　辉
责任校对：满　媛
书　　　号：ISBN 978-7-5314-9124-8
定　　　价：99.00元

邮购部电话：024-83833008
E-mail：53490914@qq.com
http：//www.lnmscbs.cn
图书如有印装质量问题请与出版部联系调换
出版部电话：024-23835227